解码
超强逻辑力

李先龙 著

化学工业出版社

·北京·

图书在版编目（CIP）数据

解码超强逻辑力 / 李先龙著. -- 北京：化学工业
出版社，2025.8. -- ISBN 978-7-122-48374-4

Ⅰ.B81-49

中国国家版本馆CIP数据核字第2025UU4809号

责任编辑：龙　婧　　　　　装帧设计：溢思视觉设计／蔡多宁
责任校对：李　爽

出版发行：化学工业出版社
　　　　　（北京市东城区青年湖南街13号　邮政编码100011）
印　　装：中煤（北京）印务有限公司
710mm×1000mm　1/16　印张 $8\frac{3}{4}$　字数99千字
2025年10月北京第1版第1次印刷

购书咨询：010-64518888
售后服务：010-64518899
网　　址：http://www.cip.com.cn
凡购买本书，如有缺损质量问题，本社销售中心负责调换。

定　　价：58.00元　　　　　　　版权所有　违者必究

序言

　　逻辑学是一门既古老又现代的学问。说其古老，是因为逻辑学历史悠久、源远流长。无论是古希腊的亚里士多德和斯多葛学派，还是中国先秦时期的墨家学派或古印度的正理派，都对逻辑学表现出了特别的关注。说其现代，是因为逻辑学在当今与人们的生活的联系比以往任何时代都更加紧密。尤其是计算机科学和人工智能的发展，无不与逻辑学研究相关。我们几乎每天都会用到的各种手机应用，都离不开逻辑和算法的支持；我们现在经常耳闻或目睹的"智慧生活"或"智慧××"，也都可以看作是一种基于逻辑推理的创造。我们的生活中其实已经充满了逻辑，只是很多人可能尚未意识到逻辑的存在。但即便如此，他们也会在不知不觉中使用逻辑。因而，本书的写作目的之一，便是要将这种"不知不觉"变为"有的放矢"。

　　那么，我们要怎样才能更好地把"不知不觉"变为"有的放矢"呢？一个方面，我们需要在"讲逻辑"和"用逻辑"的互动中学习逻辑学；另一方面，我们还要在"逻辑是什么"和"逻辑应该是什么"的交织中理解逻辑学。

　　"讲逻辑"就是要讲逻辑理论。如果不去讲理论，我们就很难自觉地认识到逻辑的存在。例如，我们在学校的课程中实际上已经学习了许多关于逻辑的知识。像是数学中的证明方法、物理和化学中的实验设计、语文课上的议论文阅读和写作，都是建立在逻辑学基础上的。可是，如果不进行理论学习，你能意识到这些知识背后隐藏着的逻辑基础吗？似乎每门课程都会强调培养逻辑思维的重要性，但也只有在了解了一些逻辑理论之后，我们才能真切地明白我们所要培养的逻辑思维究竟是什么。

　　"用逻辑"则是要把逻辑理论应用于学习和生活。逻辑不是一些记忆型的知识，而是一种操作型的知识。就像游泳一样，你不跳进水中就永远不可能真正地学会游泳。逻辑的精髓就在于你要去使用它。你只有在诸如数学证明，物理、化学的实验或语文的议论等中去实践逻辑理论，才能真正地掌握逻辑。"讲逻辑"和"用逻辑"的关系恰似孔夫子所说的"学"和"思"一般——"讲"而"不用"则罔，"用"而"不讲"则殆。

　　"逻辑是什么"和"逻辑应该是什么"则是在"讲逻辑"和"用逻辑"的互动中做出的延伸。"逻辑是什么"是一个关于"讲逻辑"的问题，"逻辑应该是什么"是一个关于"用逻辑"的问题。虽然"讲逻辑"可以指导"用逻辑"，但"讲逻辑"的目的也在于"用逻辑"。所以，当"讲"与"用"出现分歧的时候，我们不应该再墨守"逻辑是什么"的成规，而是要在"用逻辑"中尝试着去讲"逻辑应该是什么"。简言之，"讲逻辑"不等于讲教条、认死理，毕竟实践才是检验真理的唯一标准。同时，实践也是逻辑学在当今时代蓬勃发展的动力所在。因此，"逻辑是什么"是一个有助于我们理解逻辑的问题，"逻辑应该是什么"同样也是一个有助于我们理解逻辑的问题。

以上两个方面，可以看作是对学习逻辑学的一点建议。当然，这也仅是笔者在学习逻辑时的一点体会。

本书的重点放在了"讲逻辑"和"用逻辑"的互动上。从逻辑学中最重要的有效性概念（第二章）出发，从简单命题（第三章）到复杂命题（第四章），从传统逻辑到现代逻辑（第六章），从演绎论证到归纳法（第七章）再到图尔敏论证模型（第八章），每一部分都列举了许多事例，其中有些事例更是来自我国目前正在采用的中小学教材。这样的安排便是希望各位读者能在阅读本书时尽量将书中介绍的逻辑知识广泛地与学习和生活联系起来，也即，将"讲逻辑"与"用逻辑"联系起来。

对于"逻辑是什么"和"逻辑应该是什么"的问题，本书其实也有涉及。逻辑的起源（第一章）、非经典逻辑的出现（第五章）、现代逻辑的诞生（第六章）、归纳逻辑的发展（第七章）、非形式逻辑的兴起（第八章），逻辑学的这些发展都体现了逻辑并非一成不变的。逻辑实际上是实践的需要逼迫出来的。当然，"逻辑应该是什么"的问题远比"用逻辑"复杂得多。

最后，我还想说明的是，这虽是一本写给青少年的逻辑学读物，但其中涉及的内容实际上是非常丰富的。而笔者又希望尽可能借助这本书把中小学教材中涉及逻辑的知识点都串联起来，让各位读者能在阅读此书的同时也能加深对教材内容的理解。鉴于笔者本人的水平所限，不足之处在所难免，欢迎各位大小读者斧正。

李先龙

目录

第 一 章

为什么要有逻辑

我们在生活中会听到这样一种批评："没有逻辑"或"不讲逻辑"。每当听到这种批评时，我都不禁要想："为什么要有（或要讲）逻辑呢？"

第一节
"因为所以，就是道理"

"为什么要有（讲）逻辑？"这个问题说来话长……

很久以前的原始社会，人类就不得不面对一个直击灵魂的问题：吃什么？

这个看似简单的问题其实不好回答。那时候没有菜市场，更没有外卖，想吃什么只能自己去找，找不到就要饿肚子。于是，有心之人便在寻找食物的同时总结了捕猎经验。久而久之，他们就成了远近闻名的捕猎高手。别人也会向他们请教捕猎方法。捕猎高手常会这样讲："因为……所以，我捕到了猎物。"他们所讲的"因为所以"就是捕猎的道理。

不过，捕猎高手也不是每次都能捕到猎物。有时候他们一无所获，别人却收获满满。这时候，捕猎高手便会受到别人的挑战。一个新问题产生了：谁讲的道理更有道理呢？

注意，"有道理"和"更有道理"不是一回事儿。比如，我们上学时，在数学考试中做选择题，一般有两种方法，一种是直接计算得出正确答案，另一种则是排除错误答案。两种方法都可以答对题目。不过，老师上课时通常只会讲直接计算的方法，因为怎么排除，大多只适用于一道题；而怎么计算，则会适用于一类题。所以，能答对题目的方法未必就是好方法。好方法意味着更高层次的要求，"更有道理"也是一样的。

我们把"讲得有道理"称为论证，把"讲得更有道理"称为逻辑。

上面原始社会里讲道理的情形是我虚构的。不过，我们从人类学家的研究中可以看到，类似的情形在原始部落中确实发生过。例如，法国人类学家布留尔（Lévy-Bruhl）就曾描绘过这样一番情景：印第安人在捕猎野牛时要戴上牛角，跳"野牛舞"；在捕猎黑熊时，要披上熊皮跳"黑熊舞"。印第安人认为，猎物之所以会出现，全是因为他们跳了舞。

现在的我们，当然不会相信舞蹈能引来猎物。可在当时的印第安人看来，"因为跳舞"就是捕猎的道理。

我们为什么不相信印第安人讲的道理呢？答案也很简单。当我们发现跳舞不能捕到猎物，不跳舞也能捕到猎物时，就会质疑跳舞的道理。

质疑的声音多了，就会有人提出新道理。大家如果都觉得，新道理比跳舞更有道理，那么就不再相信跳舞的道理了。换句话说，人们会认为，"因为跳舞了，所以捕到猎物"是没有逻辑的。

> 要是我们不戴着野牛面具跳舞，就不会抓到野牛。

总之，好奇心是人类的天性，生活中充满了"因为所以"。问得多了，答得多了，不同的道理间难免会有冲突。因此，人们不得不从那么多的道理中选择一个最有道理的道理。而选择的标准，就是逻辑。

不过，早期的人们没有明确的标准，在选择时都只是遵从内心的感觉，有些学者把这种感觉称为自发逻辑。

第二节
"销售灵魂食品的商人"

自发逻辑没有明确的标准，只是人们从生活经验中获得的一些模糊的感觉。所以，当时的人们在选择"更有道理的道理"时，很容易受到他人的影响。有些人甚至干脆诱导他人，去选择没那么有道理的道理，从而谋取私利。古希腊的诡辩论者便是这样一类人。

公元前594年，梭伦当选雅典城邦执政官，随后开启了一系列改革。在梭伦改革前，雅典城邦的政治权力都掌握在贵族手中，梭伦恢复了公民大会制度，还设立了陪审法庭，后来又经过克利斯提尼改革。伯里克利时期，公民大会和陪审法庭已成为雅典城邦最具有代表性的政治制度。

在公民大会和陪审法庭中，人们可以自由发表演说、提出建议。假如多数人都接受某项建议，那么城邦便会执行它。[1]

比如，公元前399年，莫勒图斯在公民大会上指控苏格拉底腐化青年，并请求陪审法庭判处苏格拉底死刑。"腐化青年"并不是当时雅典法律中的罪名，但这不妨碍莫勒图斯借此发表演说、提出建议。虽然苏格

---

[1] 在古希腊的雅典，只有男性自由人才能参加公民大会和陪审法庭，女人、儿童和奴隶都没有资格参与，更不必说发表演说和提出建议了。

皮埃尔·佩龙,《苏格拉底之死》, 1790

拉底也为自己做出了辩护，但陪审法庭最终还是以360票赞同和140票反对，判处苏格拉底死刑。

苏格拉底之死表明，在众多"因为所以"中，脱颖而出的那个道理是具有政治权力的。简单来说，如果你能说服其他人接受你的建议，那么他们便会按照你的建议去做，这相当于你变相地拥有了指挥他人的权力。法国哲学家福柯（Michel Foucault）把这种权力称为"话语形构"。[1]

既然说服他人可以使自己获得政治权力，那么"怎样说服他人"自

---

[1] "话语形构"指特定历史时期中，支配话语生产、组织和传播的隐性规则系统。这些规则决定了：什么可以被说（哪些话题、概念是合法的）；谁有资格说（主体位置，如医生、科学家等权威）；如何被说（陈述的逻辑、分类和修辞方式）；话语之间的关联（如医学话语与法律话语的关系）。话语形构不是单一的文本或观点，而是支配一个时代知识生产的深层结构。福柯的"话语形构"揭示了知识背后的权力规则，挑战了我们对"真理"和"常识"的天然信任。

然就成为政治生活中的一个重要问题了。事实上，在当时雅典人眼中，能够在政治辩论中流畅地表达自己的观点，是一项非常令人羡慕的技能。

在现在的中国，能背出几段少有人知的古文诗词也是一种本事。于是，很多"国学班"雨后春笋一般涌现出来。古希腊也是如此，一些擅长讲话的人便瞄准时机，做起了教人讲话的生意。

教人讲话原本是一件好事，因为有些人是茶壶煮饺子——有口道（倒）不出，这些人在公民大会和陪审法庭中常常很吃亏。学习讲话的技巧，对他们是有好处的。但是，很多事情一旦有利可图，就会滋生一些唯利是图之人，让原本的好事慢慢变了味道。

我们回想一下，原始社会的人们为什么要讲道理？是因为他们想知道怎样才能捕到猎物。所以，最早的"因为所以"都在真正地讲捕猎方法。

可是，一旦有人能从"讲道理"中牟利（比如，说服他人分给自己食物），那么，至少对他来说，能不能真的捕到更多猎物就无关紧要了，反正自己都会得到食物。于是，当他再讲"因为所以"时，重点便不是怎样捕猎，而是怎样说服他人。这样发展下去，最终导致的局面就是，每个人都在讲"因为所以"，但大多只是为了说服他人，很少有人再去真正地讲捕猎的道理了。

古希腊那些教人讲话的人就是这样。这些人原本被雅典人誉为"智者"，他们都拥有丰富的知识。但是，为了收费教人讲话，他们便更加专注于传授语言的技巧，不再重视对观点或问题做出实质性的探讨。于是，我们看到古希腊时期出现了一大批博人眼球的奇谈怪论。

（1）"你拥有那些你没有丢掉的东西。因为你没有丢掉角，所以你有角。"

（2）"这是一条狗，它是个父亲，而且它是你的。所以，它是你的父亲。你打它，就相当于打你自己的父亲。"

以上两个例子，便是古希腊著名的"你有角"论证和"狗父"论证。类似的例子其实还有很多。

> 不要打狗，因为它是你的父亲。

这些奇谈怪论显然不能解决任何问题，智者们提出这些论证，只是为了在辩论中混淆视听，干扰人们的选择。正因如此，后来人们便把收费教人讲话的智者称为"诡辩论者"。时至今日，我们在英语中仍然可以看到，"sophic"（智慧的）和"sophistic"（诡辩的）是同源词。古希腊哲学家柏拉图更是直接把诡辩论者说成"销售灵魂食品的商人"。

当然，既然有人试图用各类话术扰乱辩论，那么也就会有人想要努力维护辩论的秩序。就在那些诡辩论者不断用奇谈怪论干扰人们的自发逻辑时，一位真正的智者站了出来，提出了正确的思维方法。

第三节

"没有规矩，不成方圆"

这位提出正确的思维方法的真正的智者，就是古希腊哲学家亚里士多德（Aristotle）。

亚里士多德生于斯塔吉拉的一个中产家庭。17岁时，他迁居雅典，并于同年进入柏拉图学园学习。亚里士多德在柏拉图学园学习了20年，直到柏拉图去世两年后才离开。

离开柏拉图学园后，亚里士多德先是游历了小亚细亚地区，后又受聘于马其顿国王，成为年仅13岁的亚历山大大帝的私人教师。亚历山大登基后，亚里士多德回到雅典，创办了吕克昂学园。

在吕克昂学园中，亚里士多德组织了一系列学术活动。例如，他每个月都要组织一次讨论会：一名学生为某个观点做辩护，其他学生则要对这个观点提出批评。在双方的辩论中，学生会对辩论中的观点产生更加深刻的理解。现在许多老师鼓励学生多讨论，不能只听讲解，其实也是同样的理由。

需要注意的是，吕克昂学园中的辩论是为了加深理解。因此，任何影响理解的诡辩都不被允许。这样一来，怎样正确地提出批评和做辩护便成了学生们的必修课，甚至是开学的第一课。亚里士多德的学生们把这门课的知识称为《工具论》，也就是我们现在所说的"亚里士多德逻辑"。

亚里士多德逻辑的主要内容是证明和探索的方法。用亚里士多德自己的话讲，就是"当我们提出论证时，不至于说出自相矛盾的话"。

不过，亚里士多德虽然重视逻辑，却不把逻辑学视为一门科学（广义上的）。他曾把科学分为三类：理论的、实用的、生产性的。数学、物理等科学是理论的，经济学、政治学等科学是实用的，音乐、诗歌、建筑学等科学是生产性的。但逻辑学不属于其中任何一类。这是因为，亚里士多德认为，逻辑只是学习科学的工具，逻辑学的作用是规范学习科学时的思维过程。

正所谓"无规矩，不成方圆"，亚里士多德的逻辑学，就是为学习科学而制定的规矩。

读到这里的读者，可以暂时放下这本书，拿出手边的计算器，算一下10%+10%等于多少。如果你看到计算器上显示的结果是0.11，不用惊讶，你的计算器是正常的。

可是，10%+10%不应该等于0.2吗？为什么计算器算出来的结果是0.11呢？

这是因为，我们现在常用的计算器，百分数加法不是在计算数值，而是在计算小费或者计算折扣。有一些国家，在餐厅吃饭需要支付小费。小费通常按百分比计算，要是按10%计算小费，那么每消费100元便需支付10元小费，账单总金额是100+100×10%=110元。计算器正是这样计算百分数加法的，输入100＋10%，计算器的结果就会是110元；输入10%+10%，结果就会是0.11。

计算器显示10%+10%=0.11，那我们在做计算题时，是否也可以写10%+10%=0.11呢？当然不可以。因为计算题考查的是数值计算，而不是小费计算。所以，要是用计算器计算出的0.11去质疑正确答案0.2，那么就犯错误了。

另一个例子，《韩非子》记载了这样一则故事：楚国有一个人，在集市上贩卖矛和盾。这个人先拿起矛吆喝："我的矛最尖锐了，能刺穿所有盾。"接着又拿起盾吆喝："我的盾最坚硬，不管什么东西都刺不穿它。"这时，一个路人问他："用你的矛刺你的盾，结果会怎样呢？"这就是著名的自相矛盾的典故，"矛盾"一词也是出自这个典故。

最强的矛和最强的盾

自相矛盾的问题出在哪里呢？我们以矛为例：按卖家的说法，他的矛能刺穿所有盾，所以，他的矛应该也能刺穿他的盾。可是，他又说，任何矛都刺不穿他的盾，所以，他的矛应该也刺不穿他的盾。矛既能刺穿盾，又不能刺穿盾。于是，问题产生了。

还有一个例子，曾有某位明星被曝出负面新闻。后来在一次访谈中，主持人向这位明星求证新闻是否属实。这位明星回答说："你不能说有这个事，也不能说没有这个事，关键看你怎么说。"

但是我们都知道，不是"属实"就是"不属实"，不是"不属实"就是"属实"。所以，这位明星既否认属实，又否认不属实，是在故意混淆视听。

从逻辑学的角度看，上面的三个例子分别违反了同一律、矛盾律、排中律。

亚里士多德认为，人的逻辑思维至少应当遵守这三个基本规律。简单来说：

（1）同一律是指，是什么就是什么，不是什么就不是什么；

（2）矛盾律是指，不能既是什么，又不是什么；

（3）排中律是指，不能既不是什么，又不是不是什么。

第一个例子中，如果我们是在进行数值计算，那么就要计算数值，如果不是小费计算，就不要计算小费。否则，就混淆了概念，违反了同一律。

第二个例子中，卖家说矛既能刺穿盾，又不能刺穿盾。怎么可能既能刺穿，又不能刺穿呢？这就违反了矛盾律。

第三个例子中，明星既否认属实，又否认不属实，这就违反了排中律。

因此，亚里士多德逻辑实际上是为了保障辩论秩序和正确思维而制定的规范。只有遵守这些规范，人们才能进行真正的、有实际意义的讨论。否则，辩论将只是无谓的口舌之争，或者，人们会在辩论中陷入自相矛盾的尴尬处境。当然，亚里士多德逻辑的内容不只有这些，我们在后文中会继续讨论亚里士多德逻辑。

总之，亚里士多德总结了正确思维的方法，制定了有效论证的规则，使人们意识到辩论是有矩可循的，不再被奇谈怪论的诡辩所迷惑。之后，人们在选择更有道理的道理时，便不再只依赖自己模糊的感觉了，完全可以自觉主动地按照规则做出选择。

这样一来，人们讲道理时的"自发逻辑"就转变为"自觉逻辑"了，逻辑学也由此正式诞生了。后人为了纪念亚里士多德在逻辑学上的贡献，将他尊称为"逻辑学之父"。

第二章
一个重要的概念：有效性

亚里士多德创立逻辑学的初衷是制定论证的规矩。所以，逻辑问题总离不开两个关键词：论证和规矩。

两个关键词结合在一起，就产生了逻辑学中最重要的概念（可能没有"之一"）：有效性。有效性是逻辑学中评价论证好坏的标准。逻辑学认为，一个好论证就应该是有效的。

因此，想要理解有效性，我们还要先从论证的好坏谈起。

第一节
前提支持结论

通俗来说，论证就是第一章中提到的"讲道理"的过程。"讲道理"就是讲出"因为所以"。

其中，"因为"后面的内容是前提，"所以"后面的内容是结论。"讲道理"就是"因为前提，所以结论"。

因此，论证包含三个要素：前提、结论、前提和结论之间的"因为所以"关系。

例2.1：因为所有人都会死，又因为苏格拉底是人；所以，苏格拉底会死。

例2.2：所有学生都按时交了作业；所以，不存在没有按时交作业的学生。

例2.3：企鹅会飞；因为企鹅是鸟，而所有鸟都会飞。

在例2.1中，前提是"所有人都会死"和"苏格拉底是人"，结论是"苏格拉底会死"。例2.2中，前提是"所有学生都按时交了作业"，结论是"不存在没有按时交作业的学生"。在例2.3中，前提"企鹅是鸟"和

"所有鸟都会飞"，结论是"企鹅会飞"。

不难发现，三个论证所讲的道理可以说是风马牛不相及，毫无关系。我们只是根据"因为"和"所以"这两个标志词区分的前提和结论，虽然有些论证省略了"因为"或"所以"（如例2.2省略了"因为"，例2.3省略了"所以"）。

于是，我们可以这样认为：一句话在论证中是做前提，还是做结论，与它表述的内容无关，我们只需要看这句话是跟在"因为"之后，还是跟在"所以"之后。

现在，我们就可以区分一对重要的概念——语义和语形。

我们把涉及内容的特性称为语义，也就是语言所蕴含的意义、含义。把涉及位置，且同内容无关的特性称为语形，也就是语言的形态、结构。

比如，"苏格拉底是人"这句话中，"苏格拉底"指的究竟是谁，这是语义，但无论苏格拉底是谁，"苏格拉底"一词都处在主词的位置上，这是语形。

显而易见，论证的前提和结论都是语形上的区分，不是语义上的区分。

到这里，我们就可以从语形的角度，对论证重新定义：论证是一组命题，其中，一个命题是结论，其余命题是前提。

这里所说的"命题"，与我们日常里所说的"命题"在本质上差不多，也就是可以判断真假的句子。

在重新定义了论证后，我们有必要再做两点补充说明。

第一，一个论证可以包含多个前提，但只能包含一个结论。如果一组命题中包含两个结论，那么，我们应该把这组命题拆成两个论证，其中每个论证都只包含一个结论。

例2.4：因为冰的密度比水小，所以，水凝固成冰后，体积会变大，而且还会浮在水面上。

这个例子中就包含了两个结论："水凝固成冰后体积会变大"和"冰会浮在水面上"。因此，我们应当把它拆成两个论证：（1）"因为冰的密度比水小，所以水凝固成冰后体积会变大"；（2）"因为冰的密度比水小，所以冰会浮在水面上"。

当然，我们其实也可以把"水凝固成冰后体积会变大，而且还会浮在水面上"理解为一个结论。但我们要等到后面才会讲到这种理解方式，这里暂且略过。

第二，前提和结论与它们的表述先后顺序无关。在大多数论证中，前提都表述在结论前面，比如例2.1和例2.2。但也有一些论证，会在前提之前先表述结论，比如例2.3。

先表述结论的好处是可以让别人尽快知晓论证的意图。所以，很多人在写议论文时，都会开篇便亮出观点，这种写作策略也称为开宗明义，比如李斯的《谏逐客书》，开篇就是结论："臣闻吏议逐客，窃以为过矣。"之后，再阐述前提。

另外，还有一些论证会把结论夹在几个前提中间。

例2.5：你知道的，所有鸟都会飞。所以，企鹅会飞，因为企鹅是鸟。

例2.5和例2.3实际上是一样的，只是改变了前提和结论的表述顺序。

我们也能看到，前提和结论的表述顺序对论证并没有实质影响。只要前提还是那个前提，结论还是那个结论，无论先说后说，论证都是一样的。

因此，为了方便接下来的分析，我们人为规定论证的标准格式是这样的：

前提1,

前提2,

……

前提n,

_____

结论

注：别忘了在前提和结论之间画一条分隔线。

明确了前提和结论后，我们再谈谈前提和结论之间的"因为所以"关系。"因为所以"是什么关系呢？《现代汉语词典》中是这样解释的："因为"跟"所以"连用，表示因果关系。那么，论证中前提和结论之间是因果关系吗？不妨看一下下面的例子：

例2.6：因为他连老师反复强调的题目都做错了，所以他上课没有注意听讲。

这个例子是一个生活中十分常见的论证，很多人都会这么说。如果一个学生在考试中做错了老师反复强调的题目，那么大家很容易认为这个学生上课不注意听讲。但是，做错题目并不是导致不注意听讲的原因，恰恰相反，不注意听讲是导致做错题目的原因。所以，例2.6中的"因为所以"并不是因果关系。如果是因果关系的话，论证应该这样来做：

例2.7：因为他上课没有注意听讲，所以他连老师反复强调的题目都做错了。

我们看到，论证中的"因为所以"可能表示因果关系（如例2.7），也有可能不表示因果关系（如例2.6）。所以，我们不能把"因为所以"简单地等同于因果关系。那么，我们究竟该怎么理解论证中的"因为所以"呢？

我们换个思路，回到创立逻辑学的初衷。论证是在讲道理，讲道理是为了让他人接受自己的观点。但如果我们只是说出一个观点，他人未必接受，因此，在说出观点的同时，我们还必须要给出理由，来支持自己的观点。

从论证的角度讲，观点就是结论，理由就是前提，理由支持观点，也就是前提支持结论。所以，论证中的"因为所以"，我们应该把它理解成支持关系，它既包括因果关系，也包括其他关系。

可是，问题又来了，究竟怎样的关系才算是支持关系呢？为了回答这个问题，我们还需要再引入一个概念：真值。

第二节
和真假有关但又无关

所谓"真值"，就是真或假。通俗地理解，因为雪是白的，那么"雪是白的"这句话是真的，"雪是黑的"这句话就是假的。

接下来，我们便用这种通俗的理解，来说明前提是怎样支持结论的。

我们在前面提到，古希腊时期有许多奇谈怪论，比如"你有角"和"狗父"。"你有角"和"狗父"之所以是奇谈怪论，是因为我们人类明明没有角，而且狗也不可能是人的父亲。看来，我们似乎可以把这些奇谈怪论归结为结论为假的论证。这就好比，某人在讲了一番道理后，却告诉我们一个假结论。那么，这个道理讲得就有点荒谬了。

因此，前提要支持结论，首先应该保证结论是真的。

不过，前提应该保证结论是真的，结论就一定要是真的吗？

我们回顾下例2.3。它的结论是"企鹅会飞"。但我们知道，企鹅是不会飞的。所以，它的结论是假的。可是，对于没见过企鹅的人来说，他会不会因为例2.3的论证，接受"企鹅会飞"这个结论呢？我想是很有可能的。

我们不妨拿例2.3与例2.1做个对比。例2.1的前提告诉我们，无论谁都摆脱不了死亡的命题，苏格拉底也不例外，所以，我们会很自然地接受"苏格拉底会死"的说法。当然,"苏格拉底会死"也的确是真的。

但如果我们把例2.1中的"苏格拉底"换成《西游记》中的"唐三藏"呢?

例2.8:所有人都会死,《西游记》里的唐三藏是人;所以,唐三藏会死。

例2.8的结论是假的,因为《西游记》中的唐三藏最后成了佛,长生不死。可是,例2.8和例2.1明明采取了相同的论证"套路"啊!为什么结论就是假的呢?你也许已经发现了,对人而言,苏格拉底不是例外,但唐三藏是例外。所以,问题并不出在论证的"套路"上,而是出在唐三藏这个例外上。假如我们按照例2.8改编《西游记》,把唐三藏描写成和苏格拉底一样的普通人,那么"唐三藏会死"才应该是更合理的故事设定。

例2.3也是类似的情况。对于完全没见过企鹅的人,仅仅根据"所有鸟都会飞"和"企鹅是鸟"这两个前提,他更容易接受的结论恰恰应该是"企鹅会飞"。这时候,你要是对他说"企鹅不会飞",他只会认为,你的话违背了"所有鸟都会飞"这个前提。哪怕有一天他知道了企鹅不会飞,他也会认为,之前是前提误导了他,而不是他自己的判断出了问题。

所以,像例2.3和例2.8这样的论证,并不是前提不支持结论,而是前提自身就是假的:"所有鸟都会飞"是一个错误的前提,"唐三藏是人"也是错误的。

因此,我们在根据结论的真假来说明前提是否支持结论时,必须增加一个先决条件:前提自身要是真的。或者说,前提支持结论是指,**在前提为真的条件下,结论一定是真的**。

然而，对于例2.3或例2.8这样明显包含了假前提的论证，我们又要如何理解"前提为真"这个条件呢？

第三节
论证与论证形式

我们可以想象一台生产香肠的机器：当我们把肉放入投料口，这台机器会生产出香肠。可是，如果我们把面粉放入投料口，它还能生产出香肠吗？答案是"不一定"。我们有可能生产出"面粉香肠"，也可能生产出一团面糊。

但当我们看到一团面糊时，我们会认为这台机器坏了吗？应该不会。因为我们知道投入的原料是有问题的。进一步说，如果要检测这台机器是否真的出了问题，我们还是要把肉放入投料口，然后观察它能否生产出香肠。

这台生产香肠的机器便相当于论证，原料和产品分别相当于前提和结论。把面粉放入投料口，相当于用假前提做论证。在这种情况下，即使得出假结论，也不能说明论证是有问题的。

唯一能说明论证有问题的方法是，在前提为真的条件下，结论是假的。

我们再进一步地思考。

机器的好坏虽然关系到原料和产品，但却不是由原料和产品决定的。机器的好坏只由它自身的构造决定。所以，我们可以把原料和产品放在一边，单独研究机器的构造。只要弄清楚机器的构造，即使不看原料和产品，我们也能评估机器的好坏。

对于论证的好坏，我们也可以这样评估。

对比例2.1和例2.8，我们已经知道，例2.8只是把例2.1中的"苏格拉底"换成了"唐三藏"，相当于把肉换成了面粉，但机器的好坏，也就是论证的好坏是不受影响的。

所以，"苏格拉底"和"唐三藏"都不重要，我们甚至可以干脆用"X"来代替。而且，我们在评估论证的好坏时，也不需要知道"X"具体指谁。专业一点讲，这里的"X"是没有语义的，仅仅起到了占位符的作用，而占位符则是在说语形的特征。

我们再看例2.3。例2.3与例2.1也是一样的。只是把"人"换成了

"鸟"，把"会死"换成了"会飞"，把"苏格拉底"换成了"企鹅"。按照前面的思路，其实不论具体是什么词，都不会影响论证的好坏，一律可以视为"X""Y""Z"。

所以，例2.3和例2.1都可以表示成"所有X是Y，Z是X；所以，Z是Y"。其中，虽然"X""Y""Z"在各自的例子中都代表了具体对象，但是我们完全没必要知道它们具体代表了什么。专业一点讲：我们不需要知道论证的语义是什么，只要看到例2.1、例2.3和例2.8的语形特征是一样的，就可以知道这三个论证的好坏也是一样的。

在逻辑学中，我们把论证的这种语形特征称为论证形式。论证形式就相当于机器的结构。我们通过研究论证形式，便可以分析论证的好坏，不必再考虑前提和结论是真还是假。

或者说，在论证形式中，前提和结论相当于机器的投料口和产出端，"前提为真"是指把某个真命题放在前提的位置上，就像把正确的原料放入投料口一样。仅此而已。

因此，"在前提为真的条件下，结论必须是真的"，实际上是从论证形式的角度来讲的。我们把这种建立在论证形式基础上的好坏，称为论证的有效性。也就是说，**如果一个论证在前提为真的条件下，结论一定是真的，那么这个论证是有效的；反之，如果一个论证在前提为真的条件下，结论可能是假的，那么这个论证就是无效的。**

有效性的概念在逻辑学中是至关重要的，因为其他学科研究的重点都是具体的论证，只有逻辑学研究论证形式。也就是说，其他学科都在研究如何生产出好吃的香肠，只有逻辑学在研究生产香肠的机器好不好。亚里士多德也正是在这个基础上认为，逻辑学是学习其他学科的工具。

第三章

从简单命题开始

我们在前面提到，论证是由命题组成的。因此，想要了解论证，便要先了解命题。

　　因为命题是可以判断真假的句子，所以，归结起来，命题的本质就是句子。

　　句子有单句和复句之分。相应地，命题也可以分为简单命题和复合命题。复合命题是由简单命题构成的命题，我们接下来先从简单命题讲起。

第一节
直言命题

顾名思义，简单命题对应的是单句。单句可以分为主谓句、无主句和独语句。比如，"雪是白的"是主谓句，其中"雪"是主语，"是白的"是谓语；"禁止吸烟"是无主句，它没有主语；"火！"是独语句，它只有一个单独的词——"火"。

在这三种单句中，主谓句是可以做命题，无主句和独语句都不能做命题，因为主谓句有真假，无主句和独语句却没有真假之分。

你也许会疑问，"火！"可以是真命题啊！比如你看到远处着火了，然后指着那里说"火！"，此时"火！"难道不是真的吗？

注意，当你说"火！"的时候，并不能说"火！"是真的，而是命题"那里着火了"是真的，后者属于主谓句。

因此，逻辑学中的简单命题都是主谓句。

主谓句是由主语和谓词构成的。其中，主语是被说明的对象，谓词是对主语的说明。例如，在"雪是白的"中，"雪"是被说明的对象，"是白的"是对"雪"的说明，所以，"雪"是主语，"是白的"是谓语。我们不难看出，"是白的"还可以继续分解成"是"和"白的"。其中，"是"表示肯定，"白的"是雪的性质。

所以，主谓句实际上包含了三部分：**主语、性质和表示肯定或者否定的关联词。**

对于主谓句的结构，我们可以借助英语中的"主系表"句型来辅助理解。例如，"雪是白的"（snow is white）属于"主系表"句型。其中，"雪"（snow）是主语，"是"（is）是系动词，"白的"（white）是表语。不过，在"主系表"句型中，表语实质上是主语的补语。所以，系动词和表语要连在一起充当复合谓语。

因此，简单命题至少也要包含以下三部分：

（1）**主项**，相当于主谓句中的主语；

（2）**联项**，相当于主谓句中表示肯（否）定的关联词（或系动词）；

（3）**谓项**，相当于主谓句中的性质（或表语）。

例如，"雪是白的"是一个简单命题。其中，"雪"是主项，"是"是联项，"白的"是谓项。那么，我们要怎么判断这个命题的真假呢？如果我们看到雪是白的，那么"雪是白的"是真的；如果我们看到雪是黑的，那么"雪是白的"是假的。

可是，如果我们看到有些雪是白的，有些雪是黑的，那么"雪是白的"是真是假呢？这便涉及"雪"的**数量**了。我们在说"雪是白的"时，如果想表达的是所有雪都是白的，那么这个命题是假的；如果想表达的只是有些雪是白的，那么这个命题是真的。

所以，为了严格起见，我们在表达这种命题时还要把主项的数量表达出来。表达主项数量的词也称为**量项**。

简要地做个总结：简单命题由量项、主项、联项和谓项这四部分构成。逻辑学中也把这种简单命题称为直言命题。具体来说，直言命题就是指，断定一类事物是否具有某种性质的命题。

在直言命题中，主项和谓项分别代表事物和性质。比如，"雪是白的"中的"雪"和"白的"，或者"所有鸟都会飞"中的"鸟"和"会飞"等。所以，主项和谓项的作用其实与"X""Y"无异，这也是前面我们重点说明的"形式"。只不过，逻辑学中习惯用"S"代表主项，用"P"代表谓项。其中"S""P"分别是"subject term"（主项）和"predicate term"（谓项）的缩写。

量词是主项的数量。直言命题涉及的数量主要有两种：全部和部分。比如，"所有鸟"指全部，一只鸟都不能少，"有些鸟"指部分，有不包含在其中的鸟。逻辑学中，把全部称为**全称**，把部分称为**特称**。

联项是表达肯（否）定的关联词。所以，联项只有肯定和否定两种。例如，"是白的"是对"白的"的肯定，"不会飞"是对"会飞"的否定。

根据量项和联项的不同，直言命题可以划分为四种不同的类型，分别是**全称肯定命题**、**全称否定命题**、**特称肯定命题**和**特称否定命题**。

中世纪的逻辑学家常常用拉丁语affirmo（"我肯定"）和nego（"我否定"）的前两个元音字母（A、I、E、O）表示以上四种命题。于是，逻辑学中也把这四种命题分别称为A命题、E命题、I命题和O命题。现在，我们可以用一个列表来总结一下直言命题及其分类：

类型	简称	符号表示	举例
全称肯定命题	A命题	SAP	所有鸟都会飞
全称否定命题	E命题	SEP	所有鸟都不会飞
特称肯定命题	I命题	SIP	有些鸟会飞
特称否定命题	O命题	SOP	有些鸟不会飞

以上四种就是直言命题的所有形式了。

不要被SAP、SEP、SIP、SOP这些冷冰冰的符号吓到。其实它们的意思非常简单，比如，SAP的意思就是"所有S是P"，而SOP的意思则是"有些S不是P"。

你也许还有疑问：英语中的单句除了"主系表"结构外，还有"主谓宾"结构。那么"主谓宾"结构的单句也属于直言命题吗？

这个问题稍微有点复杂，我们这里仅以"我爱你"为例，简要地说明一下。

"我爱你"是"主谓宾"结构的单句，其中，"我"是主语，"爱"是谓语，"你"是宾语。"我爱你"表示，"我"对"你"产生了一种被称为"爱"的关系。逻辑学中把这种表示两（多）个对象之间具有某种关系的简单命题称为关系命题。不过，我们可以给"我爱你"适当地换一种说法——"我是那个爱你的人"。如此一来，我们就可以按照直言命题的方式来分析"我爱你"了。

第二节
对当关系

我们现在已经了解了直言命题，接下来可以考虑由直言命题组成的论证了。前面说过，论证是由前提和结论组成的。其中，结论只能有一个，前提可以有一个或多个。

最简单的情况是只有一个前提的论证。所以，我们从这种情况开始讲起。

例3.1：有些鸟会飞；所以，所有猫都不吃鱼。

例3.2：有些鸟会飞；所以，有些鸟会飞。

例3.3：有些鸟会飞；所以，有些鸟不会飞。

以上三个例子都是只有一个前提的论证。不过，例3.1显得有些匪夷所思，因为前提和结论毫不相关，更不用说前提支持结论了。所以，例3.1显然是无效的。当然，正常情况下，也不会有人这样做论证。

例3.2也有些奇怪，因为结论就是在重复前提。一般情况下，也很少有人会这样做论证。但是，我们根据同一律可以判断，例3.2是有效的。

例3.3才是正常情况下人们会做出的论证。因为它的前提和结论有些关系，但又不完全一样。所以这时，人们才要思考，在前提为真的条件下，结论是真还是假？

因此，我们接下来只分析这种前提和结论有些关系，但又不完全一样的情况。

具体来说，我们要分析的是主项和谓项都相同的四种直言命题之间的真假制约关系。

比如，"有些鸟会飞"和"有些鸟不会飞"就是主项和谓项都相同的I命题和O命题。

我们可以这样思考："有些鸟会飞"意味着只有一部分鸟会飞；至于另一部分鸟会不会飞，无从得知。所以，在"有些鸟会飞"为真的条件下，我们判断不出"有些鸟不会飞"的真假。

反过来也是一样的。"有些鸟不会飞"意味着有一部分鸟不会飞，但我们无从得知另一部分鸟会不会飞。所以，在"有些鸟不会飞"为真的条件下，我们也判断不出"有些鸟会飞"的真假。

这就是说，对于SIP和SOP来说，当其中一个是真命题时，另一个可能是真命题，也可能是假命题。

那么，当其中一个是假命题时，另一个是真命题，还是假命题呢？

假设"有些鸟会飞"是假命题。这意味着，一只会飞的鸟都没有。因为只要有一只鸟会飞，我们就可以说"有些鸟会飞"了。一只会飞的鸟都没有，这就说明"所有鸟都不会飞"。既然所有鸟都不会飞，那么其中任何一部分鸟自然也不会飞。因此，"有些鸟不会飞"是真的。

反过来也是一样。如果"有些鸟不会飞"是假命题，这就意味着没有不会飞的鸟，也就是说，"所有鸟都会飞"。既然所有鸟都会飞，其中一部分鸟自然也会飞。因此，"有些鸟会飞"是真的。这就是说，对于SIP和SOP而言，当其中一个是假命题时，另一个一定是真命题。

此处，我们可以做个小结：**对于SIP和SOP而言，二者不能都是假命题，必然有一个是真命题，但二者可以都是真命题。**逻辑学中把这种真假制约关系称为下**反对关系**。根据下反对关系，我们可以得知，例3.3是无效论证。

除了I命题和O命题之间的下反对关系，其他类型的命题之间也存在着真假制约关系。

例如，我们刚刚提到，如果"有些鸟会飞"是假的，那么"所有鸟都不会飞"是真的；如果"有些鸟不会飞"是假的，那么"所有鸟都会飞"是真的。这便是SIP和SEP、SOP和SAP之间的真假制约关系。

进一步分析，"有些鸟会飞"和"所有鸟都不会飞"描述的恰好是两种相反的情况。如果有会飞的鸟，那么"有些鸟会飞"是真的，"所有鸟都不会飞"是假的；如果没有，那么"有些鸟会飞"是假的，"所有鸟都不会飞"是真的。因此，SIP 和 SEP 之间必定是一真一假。

类似地，有没有不会飞的鸟呢？如果有，那么"有些鸟不会飞"就是真的，"所有鸟都会飞"是假的；如果没有，那么"有些鸟不会飞"是假的，"所有鸟都会飞"是真的。因此，SOP 和 SAP 之间必定也是一真一假。

我们到此，又可以做个小结：**对于 SAP 和 SOP、SEP 和 SIP 而言，二者之中必定是一个真命题和一个假命题。**逻辑学中把这种真假制约关系称为**矛盾关系**。根据矛盾关系，我们可以得知，下面的例 3.4 是有效论证，例 3.5 是无效论证。

例 3.4：有些学生没来上课；所以，不是所有学生都来上课了。(SOP 为真，SAP 为假。)

例 3.5：不是所有学生都没来上课；所以，并非有些学生来上课了。(SEP 为假，SIP 也为假。)

我们刚刚还提到，如果"所有鸟都不会飞"，那么"有些鸟不会飞"；如果"所有鸟都会飞"，那么"有些鸟会飞"。这便是 SAP 和 SIP、SEP 和 SOP 之间的真假制约关系。

事实上，从全称和特称的区分来看，SAP 和 SIP、SEP 和 SOP 之间就是全体与部分的关系。我们可以根据全体都有（没有）某性质，得出其中一部分也有（没有）该性质，但却不能根据其中一部分有（没有）某性质得出全体都有（没有）该性质。

因此，SAP和SIP、SEP和SOP之间的真假制约关系可总结为：**当全称命题为真时，特称命题一定是真的；当全称命题为假时，无法确定特称命题的真假。反之，当特称命题为假时，全称命题一定是假的；当特称命题为真时，无法确定全称命题的真假**。逻辑学中把这种真假制约关系称为**差等关系**。

最后，还剩下SAP和SEP之间的真假制约关系没有分析。我们不妨这样考虑。"所有鸟都会飞"是指任意一只鸟都会飞，"所有鸟都不会飞"是指任意一只鸟都不会飞。于是，我们任意选择一只鸟。如果这只鸟会飞，则SAP是真的，SEP是假的；如果这只鸟不会飞，则SAP是假的，SEP是真的。根据排中律和矛盾律，这只鸟要么会飞，要么不会飞，但不能既会飞又不会飞。所以，要么SAP是真的，要么SEP是真的，但SAP和SEP不能都是真的。反之，SAP和SEP可以都是假的吗？当然可以。比如，天鹅和企鹅都是鸟，但天鹅会飞而企鹅不会飞。因此，"所有鸟都会飞"是假的，"所有鸟都不会飞"也是假的。

所以，A命题和E命题之间的真假制约关系可以总结为：**对于SAP和SEP而言，二者不能都是真命题，必有一假，但可以都是假命题**。逻辑学中把这种真假制约关系称为**反对关系**。根据反对关系，我们可以得知，例3.6是有效论证。

例3.6：*所有学生都认真听讲；所以，并非没有学生认真听讲。*（SAP为真，SEP为假。）

以上说明的反对关系、差等关系、矛盾关系和下反对关系又称为直言命题间的**对当关系**。关于直言命题间的对当关系，我们可以用图3.1的方式清晰地呈现出来：

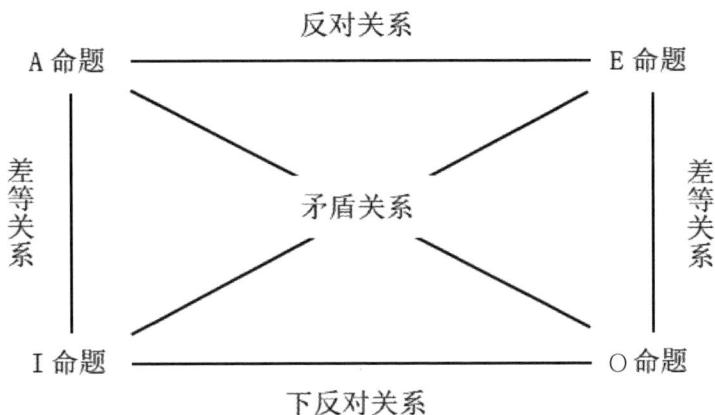

图3.1　对当方阵

有了对当方阵，我们便可以快速判断一些论证的有效性了。

相传，美国作家马克•吐温在一次访谈中说："有些国会议员是浑蛋。"第二天，记者把马克•吐温的这句话刊登在报纸上。于是，许多国会议员强烈要求马克•吐温道歉。后来，马克•吐温迫于压力，不得不在报纸上刊登道歉声明："……我考虑再三，'有些国会议员是浑蛋'确有不妥，特登报声明，将我的这句话订正为'有些国会议员不是浑蛋'。"

表面上看，马克•吐温添加了一个"不"字，似乎是在否定自己先前的言论。但是，从逻辑学的角度看，"有些国会议员是浑蛋"属于I命题，"有些国会议员不是浑蛋"属于O命题。我们在对当方阵中看到，I命题和O命题之间是下反对关系。因为具有下反对关系的两个命题可以都是真的，所以承认"有些国会议员不是浑蛋"并不意味着否定"有些国会议员是浑蛋"。

因此，从逻辑上讲，马克·吐温的订正并没有否定自己先前的言论，他实际上未做出真正的道歉。

"有些国会议员是浑蛋，有些国会议员不是浑蛋。"

第三节
三段论

三段论也是由直言命题组成的论证，但它是包含两个前提的论证。前面我们列举的例2.1和例2.3都是三段论。我们现在按照三段论的格式将两者重述如下：

例3.7：所有人都会死，苏格拉底是人；所以，苏格拉底会死。

例3.8：*所有鸟都会飞，所有企鹅都是鸟；所以，所有企鹅都会飞。*

可以看到，它们都有两个前提。

那么，是不是任何包含两个前提的论证都是三段论呢？或者说，除了有两个前提这一条件外，三段论是否还需要其他条件呢？

观察一下，例3.7的结论是在断定"苏格拉底"和"会死"之间的关系。可"苏格拉底"是如何与"会死"关联到一起的呢？很容易看出，在前提"苏格拉底是人"中，"苏格拉底"与"人"产生了关联；在前提"所有人都会死"中，"人"又与"会死"产生了关联。于是，以"人"为中介，"苏格拉底"与"会死"联系在一起。这样，我们才有可能判断"苏格拉底"和"会死"之间的关系。

类似地，在例3.8中，结论是在断定"企鹅"和"会飞"之间的关系。两个前提则以"鸟"为中介，分别与"企鹅"和"会飞"产生关联，从而将"企鹅"和"会飞"联系在一起。于是，我们才可能判断"企鹅"和"会飞"之间的关系。

因此我们就知道，除了要有两个前提外，三段论的两个前提还必须包含一个起到中介作用的词项，并且通过这个词项，将结论的主项和谓项联系在一起。如果缺少了中介，那么就不是三段论了。

例3.9：*所有人都会死，所有企鹅都是鸟；所以，所有企鹅都会死。*

例3.9便不是三段论，因为没有作为中介的词项。同时，例3.9很明显是无效论证。

我们现在总结一下什么是三段论：

（1）三段论是由直言命题组成的论证；

（2）一个三段论包含两个前提和一个结论；

（3）两个前提应当包含一个共同的词项；

（4）两个前提应当分别包含结论的主项和谓项。

只有同时满足以上4个条件的论证才是三段论。结论的主项是小项（记作S），结论的谓项是大项（记作P），两个前提中共同的词项是中项（记作M），包含小项的前提是小前提，包含大项的前提是大前提。

在例3.7中，结论是"苏格拉底会死"。其中，主项是"苏格拉底"，谓项是"会死"，所以，"苏格拉底"是小项，"会死"是大项。两个前提中共同的词项是"人"，所以，"人"是中项。因为"苏格拉底是人"包含小项"苏格拉底"，所以，"苏格拉底是人"是小前提。又因为"所有人都会死"包含大项"会死"，所以，"所有人都会死"是大前提。我们可以把例3.7写成论证的标准格式，如下所示：

所有人都会死，

苏格拉底是人；

苏格拉底会死。

注意：我们在把三段论写成标准格式时，通常是把大前提写在小前提的上面。

再比如，例3.8中，结论的主项是"企鹅"，所以"企鹅"是小项；结论的谓项是"会飞"，所以"会飞"是大项；两个前提中共同的词项是"鸟"，所以"鸟"是中项。包含小项"企鹅"的前提是"所有企鹅都是鸟"，所以，"所有企鹅都是鸟"是小前提；包含大项"会飞"的前提是"所有鸟都会飞"，所以，"所有鸟都会飞"是大前提；我们把例3.8写成三段论的标准格式，如下所示：

所有鸟都会飞，

所有企鹅都是鸟；

所有企鹅都会飞。

我们现在已经知道三段论是什么了。那么，是不是所有三段论都是有效论证呢？答案是"不一定"。

我们接下来要考虑的问题便是什么样的三段论才是有效的。不过，在正式探讨三段论的有效性之前，我们有必要再次强调：有效性是论证形式的性质，而不是某个具体论证的性质。

例如，例3.7的前提和结论都是真的，而且例3.7也是有效的。但例

3.7的有效性并不来自它的前提和结论，而是来自它的论证形式。例3.8与例3.7具有相同的论证形式。因此，例3.8也是有效的，虽然它的大前提和结论都是假的。

例3.10：有些鸟会飞，有些会飞的动物是天鹅；所以，有些鸟是天鹅。

例3.10的前提和结论也都是真命题。但它的论证形式是无效的，所以，它是无效论证。因此，单纯地看前提和结论的真值，并不足以判断三段论的有效性。那么，我们究竟要怎么判断三段论的有效性呢？

回到对三段论的介绍，三段论的中项在两个前提中起到中介作用，将小项和大项联系在一起。因此，三段论的有效性便与中项的中介作用有关：如果中项起到了中介作用，那么三段论是有效的；如果中项只是看起来像中介，实际上并未起到中介作用，那么三段论是无效的。

为了更清晰地说明中项是否有起到中介作用，我们还需要引入一个新概念：周延性。

周延性是指，命题表述的内容是否涉及词项所能涵盖的全部对象。例如，"所有鸟都会飞"涉及全部的鸟，因此，"鸟"在"所有鸟都会飞"中周延。再如，"有些鸟会飞"只涉及一部分鸟，因此，"鸟"在"有些鸟都会飞"中不周延。我们已经知道，全称命题和特称命题的区别就在于涉及的主项的数量。因此，**全称命题的主项都周延，特称命题的主项都不周延**。

我们再考虑谓项的周延性。"所有鸟都会飞"的谓项是"会飞"，那么它是否涉及全部会飞的事物呢？其实没有。因为我们只要从会飞的事物里把鸟都挑出来，便可以说明所有鸟都会飞了。也就是说，"所有的鸟"只涉及"所有会飞的事物"中的一部分，并不涉及全部。所以它不是周延的。

再看否定命题，"所有鸟都不会飞"，这就说明，所有"会飞的事物"里都没有鸟。看，它涉及了全部的会飞的事物，因此谓项是周延的。因此，**肯定命题的谓项都不周延，否定命题的谓项都周延**。

我们不妨这样理解肯定命题和否定命题的区别：想象一个情境，门上有一把锁，我们手中有一串钥匙。我们试着用这串钥匙去开这把锁。当我们试到某把钥匙刚好能打开锁时，便可以肯定这串钥匙能打开这把锁了，其余钥匙都不必再试。但如果没有打开锁，我们便要继续试下去，直到最后一把钥匙。哪怕只剩一把没试，我们都不能说这串钥匙打不开这把锁。只有在所有钥匙都打不开锁时，我们才能否定这串钥匙能开锁。

简单来说，这个情境表明，当我们在做肯定判断时，只是肯定了其

中之一；但在做否定判断时，却否定了全部。

有了周延性的概念后，我们便可以说明中项是否有起到中介作用了。下面我们看两个例子。

例3.11：所有鸟都会飞，有些天鹅是鸟；所以，所有天鹅都会飞。

例3.12：所有鸟都会飞，所有青蛙都不是鸟；所以，所有青蛙都不会飞。

在例3.11中，因为小前提是特称命题，所以"天鹅"在小前提中不周延。这表明，中项"鸟"在小前提中只与一部分天鹅产生了关联。然而，结论是全称命题，所以"天鹅"在结论中周延。这表明，结论需要关联全部天鹅。但我们无法根据部分对象具有的性质，推知全部对象都具有的性质。因此，例3.11的中项并未完全起到中介作用。所以，例3.11是无效论证。

在例3.12中，大前提是肯定命题，结论是否定命题，所以"会飞"在大前提中不周延，在结论中周延。这表明，中项"鸟"在大前提中只关联了一部分会飞的动物，但结论却需要关联全部会飞的动物。因此，例3.12的中项也未完全起到中介作用。所以，例3.12也是无效论证。

于是，我们可以总结出三段论有效性的第一条规则：

规则1：在前提中不周延的词项，在结论中不应当周延。

如果大项违反规则1，我们称这个三段论犯了"大项不当周延"的错误；如果小项违反规则1，我们称这个三段论犯了"小项不当周延"的错误。

我们再来看一个例子。

例3.13：所有鸟都是卵生动物，所有企鹅也都是卵生动物；所以，所有企鹅都是鸟。

在例3.13中，"鸟"在大前提中作为主项周延，在结论中作为谓项不周延。但这并不造成任何问题，因为周延象征着全部，不周延象征着部分。我们可以根据全部对象都具有的性质，推知部分对象也具有该性质。

但例3.13仍然是有问题的。中项"卵生动物"作为谓项，在两个肯定命题的前提中都不周延。这意味着"鸟"和"企鹅"都只与一部分卵生动物产生了关联。可是，与"鸟"产生关联的那部分卵生动物和与"企鹅"产生关联的那部分卵生动物，二者之间究竟是什么关系，我们是不知道的。因此，中项"卵生动物"不足以起到中介作用。所以，例3.13是无效论证。

于是，我们可以总结出三段论有效性的第二条规则：

规则2：中项在两个前提中至少应当周延一次。

如果中项违反规则2，我们就称这个三段论犯了"中项不当周延"的错误，比如例3.13。

好，接下来我们再看看另两个例子。

例3.14：所有鸟都不能哺乳，所有青蛙也都不能哺乳；所以，所有青蛙都不是鸟。

例3.15：所有鸟都不能哺乳，所有蝙蝠都能哺乳；所以，所有蝙蝠都不是鸟。

在例3.14中，中项"哺乳"在两个前提中都周延。但是，由于两个前提都否定的，否定意味着主项和谓项之间没有关系。因此，"哺乳"实际上与"鸟"和"青蛙"都没有产生关联。所以，例3.14的中项实质上未起到中介作用。

例3.15不一样。它只有一个前提是否定的，而另一个前提是肯定的。这表明，中项"哺乳"与"鸟"没有关联，与"蝙蝠"是有关联的。换个角度来说，"蝙蝠"能与"哺乳"产生关联，"鸟"不能与"哺乳"产生关联。因此，"蝙蝠"与"鸟"之间没有关系。在这个意义上，中项相当于从反面起到了中介作用。故而，我们得出，例3.14是无效论证，例3.15是有效论证。

于是，我们可以总结出三段论有效性的第三条规则：

规则3：有效的三段论最多只能包含一个否定前提，而且当其包含一个否定前提时，结论应当是否定的；反之，若一个有效的三段论的结论是否定的，则该三段论一定有一个前提是否定的，而另一个前提是肯定的。

违反规则3的三段论便犯了"否定前提"的错误。

蝙蝠妈妈：我不是鸟，因为我会哺乳。

有了以上三条规则，我们便可以判断所有三段论的有效性了。例如，我们返回去判断一下例3.10的有效性。例3.10的中项"会飞（的动物）"在两个前提中都不周延。因此，例3.10犯了"中项不当周延"的错误，是无效论证。

例3.16：小学遍及全国各地，光明小学是小学；所以，光明小学遍及全国各地。

我们照常根据规则1~3判断例3.16的有效性：

对于规则1，"光明小学"在小前提和结论中都周延，所以小项没有错误；"遍及全国各地"在大前提和结论中都不周延，所以大项也没有错误。因此，例3.16符合规则1。

对于规则2，"小学"在大前提中周延。因为规则2要求中项只要周延一次即可。所以，即使"小学"在小前提不周延，例3.16也不违反规则2。

对于规则3，因为例3.16的前提和结论都是肯定命题，显然例3.16满足规则3的要求。

故而，我们看到，例3.16符合规则1~3。可是，例3.16读起来却不像有效论证。因为例3.16的前提"小学遍及全国各地"和"光明小学是小学"都是真命题，但结论"光明小学遍及全国各地"却是假的。（光明小学正是笔者的母校，这所小学现在非但没有遍及全国各地，反而已经停止招生了。）所以，对于一个完全符合规则的三段论，其前提都是真的，结论却是假的，这是怎么回事呢？

我们再仔细推敲一下例3.16的表述。"小学遍及全国各地"并不是指某所小学遍及全国各地，而"光明小学是小学"则是在描述一所具体的小学。所以，"小学"在大前提中是泛指小学，而在小前提中是特指某所小学。换言之，"小学"在大前提和小前提中其实不是同一个意思。因此，中项"小学"只起到了虚假的中介作用。故而，例 3.16 是无效论证。我们也把像例 3.16 这样的错误称为**"四概念"**错误。

以上有关直言命题的内容，便是著名的亚里士多德逻辑。亚里士多德在分析论证时，首创用字母表示论证的做法，从而提出了论证形式。这也是逻辑学从零到一的突破。

亚里士多德之后，越来越多的学者投入逻辑学的研究中。等到中世纪时期，亚里士多德逻辑走进了欧洲的课堂。老师在长期的教学过程中，不断整理亚里士多德逻辑的内容，并从中总结出许多适合教学的规律。我们介绍的三段论有效性的规则便是在那个时期出现的。只不过当时流

亚里士多德

行的规则有四条，即把规则3拆分为"两个否定前提不能得出结论"和
"若有一个否定前提，则结论是否定的；若结论是否定的，则有且只有一
个否定前提"。

　　三段论有效性的规则已经足够我们去判断任何一个三段论的有效性
了。不过，在这一章的最后，我还是希望再介绍一种方法。这种方法是
由哈里•J.根斯勒（Harry J. Gensler）教授于2002年首次提出的。我们现
在把这种方法称为"标星检验法"。

　　标星检验法一共分为三步：

第1步：用星号把前提中周延的词项都标出来；
第2步：用星号把结论中不周延的词项都标出来；
第3步：检验标记的星号是否满足以下两个条件：

条件1：小项、大项和中项都至少有一个星号；
条件2：大前提、小前提和结论中恰好有一个的谓项有星号。

　　那么，标星检验法的依据是什么？
　　我们以例3.14和例3.15为例，用标星检验法判断一下论证的有效性。
为了便于标记，我们把论证都写成标准格式。

<table>
<tr><td>例3.14</td><td>例3.15</td></tr>
<tr><td>所有鸟*都不能哺乳*，</td><td>所有鸟*都不能哺乳*，</td></tr>
<tr><td>所有青蛙*也都不能哺乳*；</td><td>所有蝙蝠*都能哺乳；</td></tr>
<tr><td>所有青蛙都不是鸟。</td><td>所有蝙蝠都不是鸟。</td></tr>
</table>

在上述标记中，下划线标出的是所有周延的词项。在做练习时，我们也可以先用下划线标出所有周延的词项，然后再按步骤标记星号。这样不容易出错。根据标记的星号，不难看出，例3.14中两个前提的谓项都标有星号，不满足条件2；所以，例3.14是无效的。例3.15完美满足条件1和条件2；所以，例3.15是有效的。

有了三段论有效性的规则后，我们之所以还要介绍标星检验法，是因为标星检验法不仅适用于有两个前提的论证，还适用于有一个前提或多个前提的论证。

例3.17：

所有<u>学生</u>*都是未成年人；
————————————————————
所以，所有未成年人都是<u>学生</u>*。

例3.18：

所有<u>学生</u>*都是未成年人；
————————————————————
所以，有些未成年人*是学生*。

例3.19：

所有<u>'evengan</u>*都是äzantu，

每个<u>'evenge</u>*都不是<u>tute ayaymak</u>*，

凡是<u>tute ayaymak</u>*都不是<u>yawnetu</u>*；
————————————————————
所以，所有äzantu都不是yawnetu。[1]

---

[1] 例3.19的大意是：所有男孩都是蛮横的人，每个女孩都不是愚蠢的人，凡是愚蠢的人都不是心爱的人；所以，所有心爱的人都不是蛮横的人。

例3.17中的"未成年人"没有星号，不满足条件1，所以，例3.17是无效论证。不过，当我们把例3.17的结论改成特称命题以后（即例3.18），结论中的"未成年人"便需要标上星号了，所以，例3.18是有效论证。

例3.19是一个用纳美语做出的论证。纳美语是电影《阿凡达》中居住在潘多拉星上的纳美人使用的语言。我们虽然不懂纳美语，但是仍然可以用标星检验法判断纳美人的论证是否有效。其实，只要把不认识的词看成像"X"一样的字母符号就可以了。

根据标记的星号，词项"äzantu"没有星号，不满足条件1；有两个命题的谓项都有星号，不满足条件2。只要有一个条件得不到满足，论证就已经是无效的了。两个条件都不满足的例3.19自然更是无效的。所以，即使是外星人做出的论证，我们也可以坚定地说："他的逻辑是有问题的！"

关于亚里士多德逻辑的内容，我们就介绍这些。接下来，我们将介绍另一个学派的逻辑思想。

第四章
复杂的命题有哪些

在日常生活中，我们会遇到许多复杂的命题。这些复杂的命题就是复合命题。

　　简单来讲，复合命题是由表示逻辑关系的词，把若干简单命题联结起来而构成的命题。接下来，我们便详细分析一下简单命题是怎样构成复合命题的。

第一节
非、与、或

"非"是最常见的表示逻辑关系的词之一。我们有时候也会用"并非""不是"等词表达"非"的意思。这些词具有一个共同特点，就是都表达否定的意义。例如，"雪不是白的"或"并非雪是白的"，都是在否定"雪是白的"。

从真值的角度看，否定代表着真值相反。例如，如果"雪是白的"是真命题，那么"雪不是白的"便是假命题。再如，由于"企鹅会飞"是假命题，所以"并非企鹅会飞"是真命题。这是因为，"雪不是白的"和"并非企鹅会飞"分别是"雪是白的"和"企鹅会飞"的否定。

逻辑学中通常用符号"¬"表示"非"。如果用符号"p"代表命题，那么p和¬p之间的真假关系可以用表4.1表示：

表4.1

命题	p	¬p
真值	真	假
	假	真

"与"是另一个常见的表示逻辑关系的词。在日常语言中，我们也会用"和""且""既……又"等词表达"与"的意思。这些词的共同特点是，都表达了合在一起的意思。逻辑学中也把这种合在一起的意思称为合取。例如，"天鹅会飞且企鹅不会飞"便是一个合取命题。

　　从真值的角度看，合取代表着二者都是真的。例如，我们可以说"天鹅会飞且企鹅不会飞"，但不会说"天鹅会飞且企鹅会飞"。因为即使"天鹅会飞"是真命题，但只要企鹅不会飞，我们说"……和企鹅会飞"就是假的。

　　再如，我们在说"他没有上课，但他交了作业"这句话时，一定是他没有上课和他交了作业这两件事同时发生了。如果有一件事没有发生，我们都不会这么说。因此，"他没有上课"和"他交了作业"之间是合取关系。"但"虽然在文学上表示转折关系，在逻辑上却和"与"是同义的。

　　逻辑学中通常用符号"∧"表示"与"。如果用符号"p"和"q"代表命题，那么p、q和p∧q之间的真假关系可以用表4.2表示：

表4.2

命题	p	q	p∧q
真值	真	真	真
	真	假	假
	假	真	假
	假	假	假

　　"或"也是一个常见的表达逻辑关系的词。除了"或"以外，我们还会说"或者……或者""要么……要么"等。这些词都表达了选择的意义。逻辑学中也把这种选择的意义称为析取。例如，"天鹅会飞或企鹅会

飞"便是一个析取命题。

从真值的角度看，析取代表着其中之一为真即可。例如，我们在说"天鹅会飞或企鹅会飞"时，表达的意思是天鹅和企鹅之中至少有一种是会飞的。事实上，如果天鹅和企鹅都会飞，我们仍然可以说"天鹅会飞或企鹅会飞"。

逻辑学中通常用符号"∨"表示"或"。如果用符号"p"和"q"代表命题，那么p、q和 p∨q 之间的真假关系可以用表4.3表示：

表4.3

命题	p	q	p∨q
真值	真	真	真
	真	假	真
	假	真	真
	假	假	假

"非""与""或"是我们日常生活中最常见的三种逻辑关系，只不过我们在表达中不一定使用这三个字。比如，我们刚刚提到，在语言中表示转折的"但"在逻辑上也是合取。再如，"除非……否则"在逻辑上是析取。

例4.1：除非我生病了，否则我会去上课。

例4.1可能涉及四种情形：（1）我生病了，并且我去上课了；（2）我生病了，并且我没有去上课；（3）我没生病，并且我去上课了；（4）我没生病，并且我也没去上课。在这四种情形中，只有情形（4）发生的时候，例4.1才是假的。对其他三种情形来说，例4.1都是真的。换言之，在"我生病了"和"我会去上课"中，只要有一个是真命题，例4.1就是真的；只有二者都是假命题时，例4.1才是假的。这正是析取所代表的真假关系。因此，"除非p，否则q"在逻辑上就是p∨q。

对于"非""与""或"代表的逻辑关系，我们也可以用一组电路图来辅助理解。如下所示：

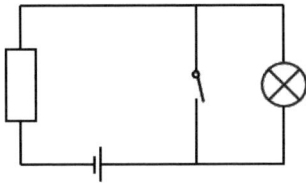 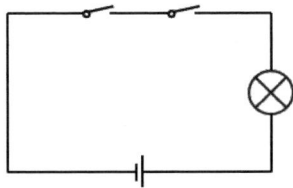 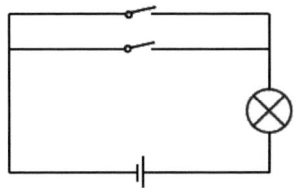

图4.1 图4.2 图4.3

在图4.1中，当开关闭合时，灯灭；当开关断开时，灯亮。开关的开闭与灯的亮灭是相反的，这就象征着"非"的关系。在图4.2中，两个开关是串联的。所以，只要有一个开关断开，灯就会熄灭；只有当两个开关都闭合时，灯才是亮的。这就象征着"与"的关系。在图4.3中，由于两个开关并联，因而，闭合任何一个开关，灯都会亮。只有两个开关都断开时，灯才会熄灭。这就象征着"或"的关系。在上述三幅电路中，开关都不是常规的控制方式，而是好像经过一番逻辑推导后才决定了灯的亮灭。我们也把这样的电路称为逻辑电路。

在理解了"非""与""或"代表的逻辑关系后，我们再看一例：

例4.2：生存或死亡，这是一个问题。（To be or not to be, that is the question.）

生存或死亡，
这是一个问题。

　　这是莎士比亚戏剧《哈姆雷特》中的一句经典独白。在这句独白中，有一个表达逻辑关系的词——"或"（or）。那么，这里的"或"表达的是析取关系吗？从剧情看，哈姆雷特的这段读白确实表达了一种选择，但却是要在生存和死亡之间二选一。根据我们对析取的分析，p∨q中的p和q是可以同时成立的。可是，哈姆雷特的"生存"和"死亡"是不可兼得的。所以，"生存或死亡"是选择，但不是析取的那种选择。逻辑学中把这种二选一的选择称为**不相容析取**，通常用符号∨̇表示。我们用表4.4表示不相容析取的真值：

表4.4

命题	p	q	p V̇ q
	真	真	假
真值	真	假	真
	假	真	真
	假	假	假

逻辑学中很少直接使用不相容析取。逻辑学中在表达例4.2中的不相容析取时，通常会说"生存或死亡，但不能既生存又死亡"。这样的表述为什么和不相容析取是一个意思？

不相容析取虽然很少用在逻辑学中，却与二进制计算十分契合。二进制中只有0和1两个数值，在计算时遵循满二进一的规则。例如，1+1不能等于2，而要等于10。进一步，我们可以把二进制中的一位数加法都列举出来，如下所示：

表4.5

加数		和	p V̇ q
		进位	个位
1	1	1	0
1	0	0	1
0	1	0	1
0	0	0	0

观察表4.5，如果把1视为"真"，把0视为"假"，那么加数与和的个位之间的关系恰好与表4.4相同。此外，我们还看到，加数与和的进位

之间是合取关系（表4.2）。因此，一个合取和一个不相容析取，便可以计算二进制的一位数加法了。所以，逻辑运算与二进制计算实质上是相通的。

我们都知道，现代计算机正是以二进制为基础的。所以，合取和不相容析取广泛应用于计算机的逻辑电路中。在逻辑电路中，合取也称与门，不相容析取也称异或门。表4.5所示的逻辑运算其实就是半加器。事实上，现代计算机理论就是从现代逻辑中发展出来的。

第二节
条件句

- -

条件句也是一种复合命题。条件句通常表达为"如果……那么"或"只有……才"。

例4.3：如果你在考试中取得好成绩，那么我会送你一个礼物。

例4.4：你只有在考试中取得好成绩，我才会送你一个礼物。

例4.3和例4.4都是条件句，但表达的意思是不一样的。我们不妨这样来理解两者之间的差别。

例4.3的意思是，考试考得好便能得到礼物，但不排除因其他原因而获得礼物的可能。如果把例4.3当作是一个许诺，唯一没有兑现诺言的情况是：在考试中取得了好成绩，但却没有收到礼物。

然而，例4.4的意思是，获得礼物的唯一途径是在考试中取得好成绩，其他任何情况都不能得到礼物。如果把例4.4也当作许诺，唯一没有兑现诺言的情况是：没在考试中取得好成绩，却也收到了礼物。

因此，我们可以用表4.6来总结例4.3和例4.4的真值情况。令p表示"你在考试中取得好成绩"，令q表示"我会送你一个礼物"。于是，我们有：

表4.6

命题	p	q	如果p，那么q	只有p，才q
真值	真	真	真	真
	真	假	假	真
	假	真	真	假
	假	假	真	真

逻辑学中用符号"$\rightarrow$"代表"如果……那么"，用符号"$\leftarrow$"代表"只有……才"。当$p \rightarrow q$为真时，也就是"如果p，那么q"为真，称p是q的充分条件；当$p \leftarrow q$为真时，也就是"只有p，才q"为真，称p是q的必要条件。

所以，在例4.3中，"你在考试中取得好成绩"是"我会送你一个礼物"的充分条件。例4.4中，"你在考试中取得好成绩"是"我会送你一个礼物"的必要条件。

不过，我们仔细观察一下表4.6，不难发现，$p \leftarrow q$的真值关系与

q→p的真值关系是完全一致的。所以，我们也可以把"只有p，才q"表示为q→p。这样一来，如果p→q是真的，我们便可以说p是q的充分条件，同时q也是p的必要条件。

此外，如果p→q是真的，并且q→p也是真的，那么我们说p是q的充分必要条件，同时q也是p的充分必要条件。或者说，p和q互为充分必要条件，简称为"p和q互为充要条件"。我们在生活中经常会说两句话是等价的，这里所说的"两句话等价"，在逻辑上就是指两句话互为充要条件。

关于充分条件和必要条件的逻辑性质，我国先秦时期的墨家就已经做出过精辟的论述。

> 小故，有之不必然，无之必不然；大故，有之必然，无之不必然。
>
> （《墨子·经说上》）

其中，"小故"指必要条件，"大故"指充分条件。

我们可以对照表4.6来分析墨家的论述。

对于"小故"，"有之不必然"是指，在p为真的时候，q可以是真的，也可以是假的；"无之必不然"是指，在p为假的时候，q必然不是真的。这两句话对应着表4.6中"只有p，才q"的第一、二、四行真值关系，也即这两句话是在描述p是q的必要条件。

对于"大故"，"有之必然"是指，在p为真的时候，q必然是真的；"无之不必然"是指，在p为假的时候，q可以是真的，也可以是假的。这两句话对应着表4.6中"如果p，那么q"的第一、三、四行真值关系，也即这两句话是在描述p是q的充分条件。

关于条件句，我们还要补充说明一点：充分条件和必要条件都是逻辑上的关系，不是事物间的因果关系。

例4.5：如果他连老师反复强调的题目都做错了，那么他上课一定没注意听讲。

例4.5与例2.6类似。做错题目是结论，没注意听讲才是原因，而不是反过来。但这不妨碍例4.5是真命题。因此，我们在判断充分条件或必要条件时，仅仅需要看p→q的真假，不需要考虑p和q的现实关系。

第三节
真值表

- -

我们在说明不相容析取时还遗留了一个问题，那就是"生存或死亡"与"生存或死亡，但不能既生存又死亡"，两者是一个意思吗？

其中，前一句的"或"指不相容析取，后一句的"或"则指普通的析取。

为了解答这个疑问，我们首先要分析"生存或死亡，但不能既生存又死亡"的逻辑结构。

首先，"生存或死亡，但不能既生存又死亡"是由"生存或死亡"和"不能既生存又死亡"通过"但"联结起来的。我们在前面分析过，"但"在逻辑上表示合取。所以，这句话中主要的逻辑关系是合取关系。

其次，这一句中的"生存或死亡"是普遍的析取，我们在前面已经分析过了。

再次，"不能既生存又死亡"是对"既生存又死亡"的否定。

最后，"既生存又死亡"是"生存"和"死亡"的合取。如果用符号"p"和"q"分别代表"生存"和"死亡"，那么"生存或死亡，但不能既生存又死亡"可以用符号表示为$(p \lor q) \land (\neg(p \land q))$括号表示优先运算。

我们现在知道了"生存或死亡，但不能既生存又死亡"的逻辑结构，可是又该怎么分析这个逻辑结构与不相容析取是否一致呢？这时，我们便要用到一种方法——真值表。真值表其实就是前文在说明"非""与""或"时使用的表示真假关系的表格。我们这里再以$(p \lor q) \land (\neg(p \land q))$为例，详细地介绍一下真值表的做法。

真值表的标准做法一共分以下三步。

第一步，分析逻辑结构，说明复合命题是如何由简单命题一步一步构成的。

例如，对于$(p \lor q) \land (\neg(p \land q))$，（a）只有两个简单命题p和q；（b）由p和q分别构成$p \lor q$和$p \land q$；（c）由$p \land q$构成$\neg(p \land q)$；（d）由$p \lor q$和$\neg(p \land q)$构成$(p \lor q) \land (\neg(p \land q))$。

第二步，列出简单命题的所有可能的真值组合情况，并画出表格。

例如，p和q一共有4种可能的真值组合情况。（想一想，为什么？）表格如下：

p	q	p∨q	p∧q	¬(p∧q)	(p∨q)∧(¬(p∧q))
真	真				
真	假				
假	真				
假	假				

第三步，根据"非""与""或"和条件句等表示的真假关系，按照复合命题的构成次序，依次写出每一步的真值。例如：

p	q	p∨q	p∧q	¬(p∧q)	(p∨q)∧(¬(p∧q))
真	真	真	真	假	假
真	假	真	假	真	真
假	真	真	假	真	真
假	假	假	假	真	假
(a)	(a)	(b)	(b)	(c)	(d)

上表中标注的(a)(b)(c)(d)分别对应第一步中的(a)(b)(c)(d)。之所以要这样标注，主要是为了更清晰地说明绘制真值表的过程。我们在自己练习时，大可不必这样做。

在上述真值表中，我们可以直观地看到p、q和(p∨q)∧(¬(p∧q))之间的真假关系：当p和q的真值相同时，(p∨q)∧(¬(p∧q))是假的；当p和q的真值不同时，(p∨q)∧(¬(p∧q))是真的。这种真假关系与表4.4中的不相容析取是完全一致的。所以，我们认为，p∨̇q和(p∨q)∧(¬(p∧q))至少在逻辑上是一个意思。

有了真值表这种方法，我们还可以做更多事情。例如，判断一个论证是否有效。

例4.6：如果孙悟空是唐三藏的徒弟，那么孙悟空和猪八戒是师兄弟。因为孙悟空和猪八戒是师兄弟，所以孙悟空是唐三藏的徒弟。

例4.6是一个论证，其中前提是"如果孙悟空是唐三藏的徒弟，那么孙悟空和猪八戒是师兄弟"和"孙悟空和猪八戒是师兄弟"，结论是"孙悟空是唐三藏的徒弟"。若从真值的角度看，因为"孙悟空是唐三藏的徒弟"和"孙悟空和猪八戒是师兄弟"都是真的，根据真值关系，我们知道，例4.6的前提和结论都是真的。不过，我们已经多次说明，有效性是论证形式的性质；即使前提和结论都是真的，论证也可能是无效的。因此，我们想要判断例4.6的有效性，还需要先写出例4.6的论证形式。

令符号"p"代表"孙悟空是唐三藏的徒弟"，"q"代表"孙悟空和猪八戒是师兄弟"。于是，例4.6的论证形式可以用符号表示为

$$p \rightarrow q$$
$$\frac{q}{p}$$

所以，例4.6是否有效，就看在 $p \rightarrow q$ 和 q 都为真的条件下，p 是否一定为真。于是，现在唯一需要考虑的问题便是，$p \rightarrow q$ 和 q 在什么条件下都是真的。

大家应该已经想到了，真值表就是把所有可能的真值组合情况都列举出来的表格。所以，什么条件下是真的，什么条件下是假的，在真值表中将一目了然。因此，我们画出例4.6的前提和结论的真值表，如表4.7所示：

表4.7

命题	p	q	前提		结论
			p→q	q	p
真值	真	真	真	真	真
	真	假	假	假	真
	假	真	真	真	假
	假	假	真	假	假

在表4.7中，有两组条件可以使p→q和q都为真（表中已用下划线标出）。这两组条件分别是，（1）p是真的，q是真的；（2）p是假的，q是真的。其中，在第一组条件下，结论p是真的；在第二组条件下，结论p是假的。有效性要求，在前提为真的条件下，结论必须是真的。但是，在例4.6中，结论只在一组条件下是真的，而在另一组条件下是假的。这表明，在前提为真的条件下，结论可能是假的。故而，例4.6是无效论证。

这就是说，虽然例4.6的前提和结论都是真的，但前提却无法支持结论。对于没看过、不了解《西游记》的人来说，他无法根据"如果孙悟空是唐三藏的徒弟，那么孙悟空和猪八戒是师兄弟"和"孙悟空和猪八戒是师兄弟"确切地判断出，孙悟空是不是唐三藏的徒弟。类似的例子还有：

例4.7：如果张三是凶手，那么张三有作案时间。因为张三有作案时间，所以张三是凶手。

例4.7和例4.6具有相同的论证形式。所以，例4.7也是无效论证。直观上，我们也很容易理解例4.7的无效之处。因为凶手一定有作案时间，但有作案时间的人未必是凶手。这也正如前文所说，充分条件是"有之必然"，必要条件是"有之不必然"。

与复合命题有关的真值和有效性问题，都是直接以简单命题为基础的，不再考虑简单命题的结构。因此，逻辑学中也把这类逻辑称为**命题逻辑**。

命题逻辑最初是由古希腊的斯多葛学派提出的，所以，命题逻辑也称**斯多葛逻辑**。斯多葛学派也是亚里士多德后唯一关注逻辑问题的古希腊学派。不过，斯多葛学派对逻辑的态度与亚里士多德不同。斯多葛学派认为，逻辑不是一种工具，而是哲学的一部分。

现在，我们把亚里士多德逻辑和斯多葛逻辑统称为传统逻辑。

第五章
"如果……那么……" 究竟是什么

我们在上一章中介绍了条件句，也就是生活中常说的"如果p，那么q"。

　　根据条件句的真值关系，我们知道，当p为假时，无论q的真假，p→q都是真的（见表4.6）。也就是说，从逻辑上讲，我们只要在"如果"之后假设一件不可能发生的事情，那么在"那么"之后怎么说都是没有问题的。

　　可是，日常生活中，真的怎么说都没有问题吗？

第一节
蕴涵怪论

例 5.1：如果秦桧没有陷害岳飞，那么岳飞不会蒙冤被杀。

例 5.2：如果秦桧没有陷害岳飞，那么岳飞会蒙冤被杀。

我们都知道，历史上，秦桧以"莫须有"的罪名害死了岳飞。因此，"秦桧没有陷害岳飞"是假命题。所以，例 5.1 和例 5.2 都属于 p 为假的情况。而因为当 p 为假时，无论 q 的真假，p→q 都是真的。所以，无论岳飞会不会蒙冤被杀，整个条件句在逻辑上讲都是真的。

然而，有些历史学家在研究那段历史时提出一种观点，真正要杀岳飞的人是宋高宗，秦桧只是宋高宗为了杀岳飞找的借口罢了。即使秦桧没有陷害岳飞，宋高宗也会寻找其他时机赐死岳飞的。倘若按照历史学家的这种观点来看，我们应该说"如果秦桧没有陷害岳飞，那么岳飞会蒙冤被杀"，而不能说"如果秦桧没有陷害岳飞，那么岳飞不会蒙冤被杀"。即，例 5.1 是假命题，例 5.2 是真命题。

于是，我们看到，从逻辑学的角度看，例 5.1 和例 5.2 都是真命题；但从历史学的角度看，例 5.1 是假命题，例 5.2 才是真命题。我们要怎么解释逻辑学观点和历史学观点之间的差异呢？

有一种解释方式是，历史研究相当于创造了一个虚拟情境，命题的真假要在虚拟情境中做出判断，即使虚拟情境与事实是相违背的。因此，我们要假设一个秦桧没有陷害岳飞的虚拟情境。在这个虚拟情境中，"秦桧没有陷害岳飞"是真命题。这样，p为真，而不再为假了。于是，p→q的真假便是由q的真假决定的。如果研究表明，岳飞会蒙冤被杀，那么例5.1是假的，例5.2是真的。如果研究表明，岳飞不会蒙冤被杀——例如，除秦桧外，没人有机会篡改皇帝诏书，那么例5.1是真的，例5.2是假的。

　　虚拟情境的解释看似复杂，有强行解释之嫌。但它其实是很朴素的想法，只是我们以中文为母语的人不习惯这么思考问题而已。而英语中专门有一种用于表述虚拟情境的语气——虚拟语气。

　　例5.3：If Oswald didn't shoot Kennedy someone else did.
　　（如果奥斯瓦尔德没有枪杀肯尼迪，那么是其他人干的。）
　　例5.4：If Oswald hadn't shot Kennedy someone else would have.
　　（如果奥斯瓦尔德没有枪杀肯尼迪，那么其他人也会枪杀肯尼迪）

　　表面上看，例5.3和例5.4的意思是相似的，都是在说"如果奥斯瓦尔德没有枪杀肯尼迪，那么其他人也会枪杀肯尼迪"。但例5.3使用的是陈述语气，例5.4使用的虚拟语气。也正是由于语气上的差异，例5.3和例5.4的真值关系是完全不同的。

　　因为例5.3是陈述语气，所以我们不需要假设任何虚拟情境。历史上，奥斯瓦尔德枪杀了肯尼迪。因此，例5.3属于p为假的情况。当p为假时，无论q的真假，p→q都是真命题。故而，无论是否有其他人枪杀肯尼迪，例5.3都是真的。

　　但例5.4是虚拟语气。因此，我们需要假设一个奥斯瓦尔德没有枪杀肯尼迪的虚拟情境。在此虚拟情境中，p是真的。因此，$p \rightarrow q$的真值由q的真值决定。如果有其他人枪杀肯尼迪，那么例5.4是真的；如果没有其他人枪杀肯尼迪，那么例5.4是假的。

于是，我们看到，相似的意思，仅仅只是改变了表述的语气，整句话的真值便可能完全不同。

逻辑学的初心本是希望通过逻辑的方法使人们避免被语言的"表面功夫"所蒙蔽。然而，只要改变一下表述的语气就会改变句子的真值，这个现象有违逻辑学的初心。因为逻辑学中，把"如果……那么"之间的关系又称为蕴涵关系，所以逻辑学家把这个现象称为"蕴涵怪论"。

关于蕴涵怪论产生的原因，还有些逻辑学家认为，是因为蕴涵关系不能完全表达条件句。"如果p，那么q"在逻辑上并不等价于$p \rightarrow q$。那么，"如果p，那么q"在逻辑上应该是什么呢？

第二节
"可能"与"必然"

英国逻辑学家麦柯尔（H. MacColl）提出，$p \rightarrow q$为真的意思是，p为真且q为假是不成立的。但是，我们在日常生活中说到"如果p，那么q"时并非想表达这个意思。"如果p，那么q"实际表达的意思是，p为真且q

为假是必然不成立的。所以，"如果p，那么q"比p→q多了一层"必然"的意思。那么，"必然"在逻辑上又是什么意思呢？

在逻辑学中，有关"必然"的问题属于模态逻辑的研究领域。模态指事物的必然或可能的状态。例如，"明天必然下雨"和"明天可能下雨"都是含有模态的命题。模态逻辑研究最早也可以追溯到古希腊的亚里士多德和斯多葛学派，但第一个把"必然"和"可能"的逻辑意义解释清楚的人是德国数学家和哲学家莱布尼茨（G. W. Leibniz）。

莱布尼茨

莱布尼茨提出，"必然"和"可能"不只涉及事实问题。

例5.5：抛出的硬币是正面朝上。

例5.6：抛出的硬币可能是正面朝上。

例5.7：抛出的硬币必然是正面朝上。

对于例5.5的真值，我们只要看抛出硬币的结果就可以了。若是正面朝上，则例5.5是真的；若背面朝上，则例5.5是假的。然而，判断例5.6和例5.7的真值却不能只看事实如何。即使我们看到抛出的硬币是正面朝上，便能据此认为抛出的硬币可能或必然是正面朝上吗？或者，倘若抛出的硬币是背面朝上，这就能说明抛出的硬币不可能正面朝上吗？所以，对于含有模态的命题来说，仅仅知道事实如何，是不足以判断真假的。

我们仍然以抛硬币为例。"抛出的硬币可能是正面朝上"是指，正面朝上只是诸多可能性中的一种，即使最终没有以现实的方式呈现出来，但也不能排除其潜在的可能性。"抛出的硬币必然是正面朝上"是指，正面朝上虽然是诸多可能性中的一种，但只有这种可能性最终会以现实的方式呈现出来，或者说，所有潜在的可能都是正面朝上。

莱布尼茨把各种可能性的组合称为**可能世界**。在众多可能世界中，有一种是现实世界，其他的都是潜在的世界。

例如，抛出的硬币有两种可能性，这便产生了两个可能世界。事实仅仅是两个可能世界之一，即现实世界。按照莱布尼茨的观点，例5.5不包含模态，因此，例5.5只是对现实世界的描述。所以，我们只要根据事实便可以判断例5.5的真假。可是，例5.6和例5.7都是含有模态的命题，是对所有可能世界的整体描述。所以，对于例5.6和例5.7的真假，我们不仅要看现实世界是什么样的，还要考虑其他潜在的世界。具体来说，不管是现实世界，还是潜在的世界，抛出的硬币只要在其中一个世界中是正面朝上的，我们便可以说"抛出的硬币可能是正面朝上"，但必须在所有世界中都是正面朝上的，我们才能说"抛出的硬币必然是正面朝上"。

不过，我们在说到可能世界的时候，还有一个问题是需要注意的。例如，我们在说抛出的硬币可能会怎样或必然会怎样的时候，其实已经预设了一个与抛硬币有关的条件。我们是根据"抛硬币"来挑选可能世界的。我们挑出的各个可能世界之间的差别主要体现在抛硬币的结果上。对于抛硬币这件事本身来说，每个可能世界都是一样的。或者说，对于那些连硬币都不存在的可能世界，我们是根本不会考虑的。

再举一个例子，有种观点认为"可能不存在花木兰这个人"。我们在讲出这句话时，脑海中也许会出现一幅"将军百战死，壮士十年归"的画面，只是这幅画面中少了一位巾帼英雄。我们的脑海中为什么会出现这样一幅画面呢？因为花木兰是一位巾帼英雄。或者，我们会想象一个太平盛世——没有战争，也没有花木兰。但我们为什么会去想象这个太平盛世？也是因为花木兰是一位巾帼英雄。所以，在判断"可能不存在花木兰这个人"的真假时，我们所考虑的可能世界仍然是参照"花木兰"的条件挑选出来的，即使是反向的挑选。

因此，我们在用可能世界解释"必然"和"可能"的时候，所考虑的可能世界一定是与命题的内容相关的。无论是正向的关系，还是反向的关系，总之要有关系。逻辑学中把这种关系称为**可达关系**，把具有可达关系的可能世界称为可达的可能世界。从逻辑学的角度讲，"可能"和"必然"是对所有**可达的可能世界**做出的描述。

具体来说，令p代表命题，我们用符号"□"表示"必然"，用符号"◇"表示"可能"。于是，若□p是真命题，则p在所有可达的可能世界中都是真的；若◇p是真命题，则p至少在一个可达的可能世界中是真的。反过来，若□p是假命题，则p至少在一个可达的可能世界中是假的；若◇p是假命题，则p在所有可达的可能世界中都是假的。

于是，按照麦柯尔的观点，"如果p，那么q"不应该是$p \to q$，而应该是$\Box(p \to q)$。换言之，"如果p，那么q"是真的，意味着在所有可达的可能世界中，$p \to q$都是真的；"如果p，那么q"是假的，意味着在某个可达的可能世界中，$p \to q$是假的。

回到例5.1和例5.2中，令p代表"秦桧没有陷害岳飞"，q代表"岳飞会蒙冤被杀"。p为假的情况仅仅只是现实世界中的真值，而历史研究中创造的虚拟情境则是一个又一个p为真的潜在的世界。有的历史学家认为岳飞会蒙冤被杀，这便是一个p为真且q为真的可能世界。有的历史学家认为岳飞不会蒙冤被杀，

可能世界就像头脑里可以设想出的几种可能

这便是一个p为真且q为假的可能世界。于是，在现实世界和一些可达的可能世界中，p→q是真的；在另一些可达的可能世界中，p→q是假的，所以，□(p→q)是假的。我们若用q代表"岳飞不会蒙冤被杀"，也能得到□(p→q)是假的。因此，例5.1和例5.2都是假命题。

同样的方式，我们也可以用来分析例5.3和例5.4。不同的表述语气相当于不同的可达的可能世界。在不同语气下，命题的真值不同。这便是说，命题在不同的可达的可能世界中的真值不同。因此，例5.3和例5.4也都是假命题。

美国逻辑学家刘易斯（C. I. Lewis）把麦柯尔提出的□(p→q)称为**严格蕴涵**；作为区分，把p→q称为**实质蕴涵**。所以，我们在前面讨论的蕴涵怪论又被称为实质蕴涵怪论。按照刘易斯的观点，若把"如果……那么"理解为实质蕴涵，就会出现实质蕴涵怪论；若把"如果……那么"理解为严格蕴涵，便可以避免实质蕴涵怪论。在这个意义上可以说，我们已经解决了实质蕴涵怪论。

第三节
又是蕴涵怪论

在解决了实质蕴涵怪论后，我们再重温一个实质蕴涵怪论产生的原因。实质蕴涵怪论产生的根本原因是，当p为假时，无论q是什么命题，p→q都是真命题，或者说，任何命题都是假命题的必要条件。

那我们不讲假命题可不可以呢？答案显然是否定的，例5.1到例5.4已经充分地说明了，日常生活中，我们经常需要假设各种不可能发生的情况。因此，我们不可避免地要从假前提开始论证。

当然，从假前提开始论证原本也不是什么问题。就像"所有鸟都会飞"一样，只要论证形式是有效的，无论结论是真是假，在逻辑上都是没有问题的。然而，蕴涵怪论的问题在于，**任何**命题都是假命题的必要条件。任何命题便意味着，p可以是假命题的必要条件，﹁p也可以是假命题的必要条件。

我们曾经介绍过逻辑思维的三个基本规律。其中，矛盾律是不能既是什么，又不是什么。对于p和﹁p来说，如果p代表"是什么"，那么﹁p就代表"不是什么"。所以，p和﹁p放在一起就是一对矛盾。回溯逻辑学的初心，亚里士多德曾说过，逻辑学的目的是使人们在论证时不至于说出自相矛盾的话。因此，p和﹁p都是假命题的必要条件，这似乎是有违逻辑学的初心的。可是，我们是一步一步地按照既定的逻辑规则做出的论证，最终却"莫名其妙"地背离了逻辑学的初心。这也正是蕴涵怪论的奇怪之处。

因此，归结起来，蕴涵怪论的实质在于"任何"二字。"任何"便意味着没有限制条件。即，假命题的必要条件不需要条件，哪怕是一对矛盾的命题，也不受限制。

麦柯尔和刘易斯把"如果……那么"修改为严格蕴涵，其实质也是希望用可能世界这个条件对假命题的必要条件做出一些限制。有了限制，便可以避免"任何"二字了。但是，严格蕴涵真的可以避免"任何"二字吗？

我们再看一下实质蕴涵怪论中出现的p和￢p。因为p和￢p是一对矛盾的命题，所以p∧￢p一定是假命题。我们可以用真值表来验证这个结论，如下所示：

表5.1

命题	p	￢p	p∧￢p
真值	真	假	假
	假	真	假

从表5.1中，我们看到，无论p是真是假，p∧￢p一定都是假的。这表明，p∧￢p不仅在现实世界中是假命题，在潜在的世界中也是假命题。或者说，p∧￢p在所有可能世界中都是假命题。我们通常认为，逻辑规则适用于任何世界。即使在一个不遵循物理规律的世界里，我们也无法想象一句既不遵循逻辑规则，又不引起思维混乱的话。

现在，我们得到了一个在所有可能世界中都为假的命题：p∧￢p。简化一下，我们用符号"A"代表p∧￢p。因此，A在所有可能世界中都是假的，即◇A是假的。于是，我们得到了一个含有模态词的假命题。

接下来，我们将在◇A的前提下再次考察"如果A，那么B"的真值。按照麦柯尔和刘易斯的观点，"如果A，那么B"应该理解为严格蕴涵，即□(A→B)。因为◇A是假的，所以，A在所有可达的可能世界中都是假的。又因为在A为假的情况下，无论B是什么，A→B都是真的。所以，A→B在所有可达的可能世界中都是真的，即□(A→B)是真命题。于是，我们又发现了一个B，这个B可以是任何命题。

这就是说，在 ◇A 为假的前提下，"如果 A，那么 B"中的 B 仍然可以是任何命题；哪怕是一对矛盾的命题也是可以的。例如，在秦桧不可能不陷害岳飞的前提下，即使把例5.1和例5.2都理解为严格蕴涵，例5.1和例5.2也都是真命题。所以，如果秦桧没有陷害岳飞，岳飞究竟会不会蒙冤被杀呢？在这个意义上，严格蕴涵也没能避免"任何"二字。

刘易斯把严格蕴涵中出现的这个问题称为严格蕴涵怪论。故而，我们看到，若把"如果……那么"理解为实质蕴涵，则会产生实质蕴涵怪论；若把"如果……那么"理解为严格蕴涵，则可以避免实质蕴涵怪论，但取而代之会产生严格蕴涵怪论。不过，刘易斯对待蕴涵怪论的态度是，只要每一步推导都是无可非议的，那也只能"见怪不怪"了。

当然，不是所有人都同意刘易斯的观点。逻辑学家阿克曼（W. Ackermann）、安德逊（A. R. Anderson）和贝尔纳普（N. D. Belnap）等人在刘易斯之后又相继提出了相干蕴涵和衍推等理论。然而，这些理论在解决旧问题的同时，又都引入了新的问题。时至今日，人们仍然没有找到一个完美的逻辑系统来分析"如果……那么"的逻辑结构。也许未来能够彻底解决这个问题的人，就是现在正在读这本书的你。加油，向着人类未知的领域发起挑战吧！

第六章

莱布尼茨的梦想

古希腊时代结束以后，逻辑学的发展便进入了低谷。德国古典哲学创始人康德（Immanuel Kant）在其著作《纯粹理性批判》的序言中便写道，逻辑自亚里士多德后便没再前进过，后人的改进其实只是删除了一些无聊的、烦琐的技巧，逻辑学实则已经是一门完善的学问了。不过，康德显然没有注意到，比他稍早些年的莱布尼茨萌生了一个足以改变世界的梦想。逻辑史学家肖尔兹（Heinrich Scholz）认为，莱布尼茨的梦想像日出一样，给逻辑学带来了"新生"。

第一节
"我有一个梦想"

- -

　　莱布尼茨被誉为"十七世纪的亚里士多德"，其涉猎极广，在数学、哲学、法学、政治学和历史学等诸多方面都颇有建树，留下了许多著作。不过，莱布尼茨最伟大的成就应该是独立发明了微积分。仅凭这一项发明，莱布尼茨便足以成为人类历史上最伟大的数学家之一了。

　　一般认为，莱布尼茨发明微积分始于对切线的研究。通俗地说，切线是指刚好接触到曲线上某个点的直线。那么，什么是"刚好"呢？莱布尼茨给出的解释如图6.1所示。

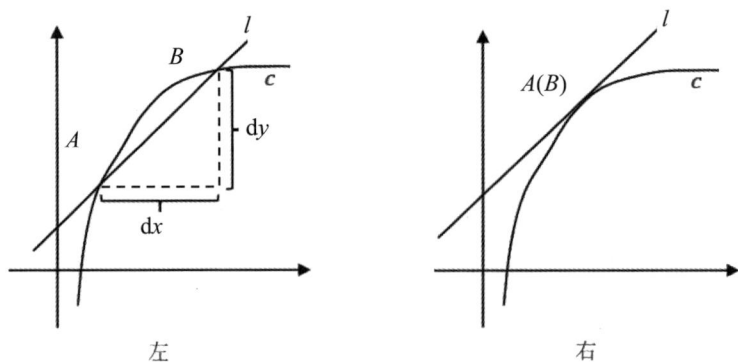

图6.1

　　图6.1（左）是直线l与曲线c相交的情况，交点分别是A和B。对于这种

情况，我们还可以用这种方式描述：曲线 c 上有两个点 A 和 B，l 是经过这两个点的直线。我们都知道，两个点可以确定一条直线，所以直线 l 是确定的。接下来，移动 A 和 B，让这两个点靠近一些，再近一些。最终，当 A 和 B 融合成一个点时，由 A 和 B 确定的直线 l 便刚好接触曲线 c 上的一个点，如图6.1（右）所示。此时，我们便找到了曲线的切线。

找到了切线以后，我们又要怎么确定切线的方程呢？莱布尼茨认为，在 A 和 B 不断靠近的过程中，由 AB、dx、dy 组成的三角形的形状始终不变。于是，根据相似三角形的性质可知，切线 l 的斜率是 dy/dx，即我们现在所说的**微商**。当然，以上描述很不严谨，但也没有办法，毕竟莱布尼茨距离严谨表述微积分还有一百多年的时间。

莱布尼茨发明微积分这件事，在数学史上还引发了一桩著名的公案：早在莱布尼茨第一次发表有关微积分的论文十几年前，英国著名自然科学家牛顿（Isaac Newton）便已经私下向他的朋友们介绍过一种被称为流数术的方法了，流数术正是牛顿发明的微积分。1673年，莱布尼茨曾访问伦敦，并与一些了解牛顿工作的人交流过。1684年，莱布尼茨发表第一篇有关微积分的论证。于是，牛顿认为莱布尼茨剽窃了他的学术成果。我们现在知道，牛顿和莱布尼茨实际上是在研究不同问题时各自独立发明的微积分。但"剽窃事件"在当时却引起了轩然大波。英国皇家学会随后便展开调查，并于1713年宣布牛顿是微积分的真正发明人，莱布尼茨剽窃。然而，1713年时任英国皇家学会会长的人正是牛顿，后来，又有人发现调查报告的结论也是由牛顿本人书写的。因而，英国皇家学会的调查报告彻底激化了莱布尼茨与牛顿之间的矛盾，甚至造成了更严重的后果。欧洲大陆的数学家纷纷支持莱布尼茨，英国数学家则坚决捍卫牛顿，进而导致欧洲大陆数学界和英国数学界之间长达百年的敌对状态。

　　本书无意评价这桩公案，但我们有必要正视一个事实：由于英国数学界与欧洲大陆数学界的对立，英国数学的后续发展不如欧洲大陆。那么，究竟是什么原因导致了英国数学的落后呢？这就不得不提莱布尼茨和牛顿在工作态度上的差异了。

我发明了微积分，你剽窃了我的成果。

不，我是独立发明，而且我的方法更好。

　　莱布尼茨是以数学家或哲学家的身份开展工作的。因此，莱布尼茨在工作中更加注重推广结论。牛顿是以自然科学家的身份开展工作的，因此，牛顿在工作中更加注重解决具体问题。简单来说，莱布尼茨更重视微积分的形式化表达（包括符号系统），牛顿则重视微积分的实际应用（即计算结果的有效性）。这种差异使得莱布尼茨认为，应当为微积分设计一套具有提示性的符号，但牛顿认为，采用什么符号都无关紧要。

那么，精心设计一套符号究竟有没有用呢？我们不妨先解一个简单的微分方程：$\dfrac{\mathrm{d}y}{\mathrm{d}x}=\dfrac{1}{y}$。你也许还不知道微积分是什么，不过没关系，只要知道积分是微商的逆运算就可以了。我们试着用最朴素的想法来解这个方程：

（1）等号两边同时乘以 y，将等号右边变为常数，即 $y\dfrac{\mathrm{d}y}{\mathrm{d}x}=1$；

（2）由于积分是微商的逆运算，因而等号两边同时对 x 取积分，即 $\int y\dfrac{\mathrm{d}y}{\mathrm{d}x}\mathrm{d}x=\int 1\mathrm{d}x$；

（3）等号左边像分数约分一样约掉 $\mathrm{d}x$，得 $\int y\mathrm{d}y=\int 1\mathrm{d}x$。此时，等号左边是对 y 的积分，等号右边是对常数的积分。

进而，我们得出，$\dfrac{1}{2}y^2=x+C$；其中，y 是关于 x 的函数，C 是常数。

很奇怪，我们现在可能连微积分是什么都说不清楚，居然已经可以解微分方程了。而且，像我们这种计算，在历史上屡见不鲜。事实上，虽然莱布尼茨给出了 $\dfrac{\mathrm{d}y}{\mathrm{d}x}$ 的算法，但人们真正理解 $\dfrac{\mathrm{d}y}{\mathrm{d}x}$ 的意义，还要等到19世纪柯西（Cauchy）和魏尔斯特拉斯（Weierstrass）等人建立分析学以后。从发明微积分到建立分析学，人们在这一百余年的时间里其实都是像我们这样在不完全理解微积分的情况下计算微积分的。而在我们的计算过程中[尤其是第（3）步]，莱布尼茨精心设计的符号确实起到了提示作用。然而，牛顿一直使用像 y 这样的符号表示微商。这种随意的符号使得我们在不理解微积分的情况下很难通过符号猜测可能的计算步骤。这就是英国数学落后于欧洲大陆数学的原因之一。

当然，必须指出，上述解微分方程的方法其实是错误的。或者说，仅仅结果是正确的，但解题过程完全错误。不过，在那个根本讲不清楚微积分是什么的时代，能做到结果正确且不影响实践应用，就已经是了不起的成就了。这也从侧面印证了莱布尼茨设计的符号的优越性：**符号**

不仅能记录思考的结果，还能辅助思考的过程。 事实上，莱布尼茨对他的符号的优越性有着更加清醒的认识。于是，莱布尼茨产生了一个更加宏大的设想。

莱布尼茨希望创造一个涵盖人类全部思想领域的符号系统，通过操作这些符号便可以获得全部知识。莱布尼茨把他想要创建的符号系统称为普遍文字。我们把莱布尼茨的设想称为"莱布尼茨之梦"。

第二节
"让我们计算一下吧"

关于"莱布尼茨之梦"，德国数学家希尔伯特（David Hilbert）在1900年的巴黎数学家大会上曾做过一个更为精准的说明："我们要造成这样一个结果，使所有推理的错误都只成为计算的错误。这样，当争论发生的时候，两个哲学家同两个计算家一样，用不着辩论，只要把笔拿在手里，并且在算盘面前坐下，两个人对视着说：'让我们来计算一下吧！'"

可是，要怎么计算呢？说到这里，我们不得不再介绍一位才华横溢的数学家——乔治·布尔（George Boole）。布尔出生在英国的一个普通家庭，父亲是一位修鞋匠，收入勉强维持生计。布尔在回忆他的童年经历时曾说过，因为买书的钱有限，所以他每次都买那些要花很长时间去读的数学家的著作，这样他才有时间攒钱买下一本，不至于无书可读。渐渐地，布尔的兴趣便转移到数学上。据说，有一次他在路过一片田野时突然冒出一个想法：也许可以用代数的形式表达逻辑关系。这个想法，最终促成了布尔代数的诞生。

乔治·布尔

回忆一下，在亚里士多德的逻辑中，我们把"所有鸟都会飞"理解为"鸟"是否具有"会飞"的性质。但其实，我们还可以把"所有鸟都会飞"理解为"鸟"与"会飞的东西"之间的关系。布尔就是这样理解的。布尔用x代表"鸟"，用y代表"会飞的东西"，用xy代表既是"鸟"又是"会飞的东西"，即"鸟会飞"。

布尔用xy这样的方式表示直言命题，其实也在暗示主项和谓项之间的关系类似于普通代数中的乘法。不过，在普遍代数中，xx是一个有意义的乘法算式。可是，在直言命题中，xx代表主项和谓项之间的什么关系呢？若x代表"鸟"，则xx代表既是"鸟"又是"鸟"。既是"鸟"又是"鸟"，终归还是"鸟"。因此，在布尔代数中，$xx=x$。

我们切换到普通代数，$xx=x$在普通代数中可是一个方程啊！而且这个方程的两个根分别是0和1。于是，布尔得出了一个重要的原理：布尔代数就是仅限于0和1这两个值的普通代数。在此基础上，布尔把0解释为不包含任何对象，把1解释为包含所有对象。同时，他又解释了加法和减法的意义：$x+y$代表要么是x要么是y，$x-y$代表只能是x不能是y。有了这些解释后，我们便可以用布尔代数解释逻辑规律了。

例如，$x=x$和$1-x=1-x$都是普通代数中的恒等式。按照布尔的解释，即：是x就是x，不是x就不是x。这不正是同一律的意思吗？注意，由于1代表所有对象，因而$1-x$代表不是x的对象。

再如，我们刚刚说过，在布尔代数中，$xx=x$。接下来，我们便按照普通代数的方法移项并分解因式，从而得到，$x(1-x)=0$。按照布尔的解释，$x(1-x)$代表既是x又不是x的对象，0代表没有任何对象。因此，$x(1-x)=0$的意思是，没有任何对象既是x又不是x。这就是矛盾律的布尔代数表示。

又如，$x+(1-x)=1$在普通代数中显然成立。若从布尔代数的角度看，这个代数式又可以解释为，任何对象要么是x，要么不是x。于是，我们又得到了排中律的布尔代数形式。

除了逻辑思维的基本规律外，布尔代数还可以计算三段论和命题逻辑。

例如，我们用x代表"鸟"，y代表"会飞"，z代表"企鹅"。于是，方程$x(1-y)=0$代表"所有鸟都会飞"，即没有任何东西既是"鸟"又不"会飞"。同样，方程$z(1-x)=0$代表"所有企鹅都是鸟"。我们整理方程，得到x=xy和z=zx，然后把x=xy代入z=zx中，即z=zx = z(xy)=(zx)y=zy。进而，我们得出，z(1 － y)=0。这就是说，没有任何东西既是"企鹅"又不"会飞"，即"所有企鹅都会飞"。

再如，我们知道"所有x都是y"又可以表述为"如果x，那么y"，因此，方程x(1 － y)=0又可以代表"如果x，那么y"。解这个方程可得，x=0或y=1。布尔提出，0又可以理解为命题为假，1又可以理解为命题为真。因而，"如果x，那么y"为真的条件是，或者x是假的，或者y是真的。进一步说，对于方程x(1 － y)=0而言，当x=1时，有y=1；当y=0时，有x=0。这也是充分条件和必要条件的布尔代数解释。

布尔代数是人们在实现"莱布尼茨之梦"过程中一个重要的里程碑。不过，布尔代数也有其局限性。例如，像"所有成绩好的学生或者是勤奋的或者是聪明的"这样的命题就不能用布尔代数表示。

布尔之后，德国哲学家弗雷格（Gottlob Frege）又将"莱布尼茨之梦"向前推进了一大步。弗雷格第一次明确地给出了用命题逻辑联结词分析直言命题结构的方法："所有鸟都会飞"可以表示为"如果x是鸟，那么x会飞"，"所有鸟都不会飞"可以表示为"如果x是鸟，那么x不会飞"，"有些鸟会飞"可以表示为"x是鸟且x会飞"，"有些鸟不会飞"可以表示为"x是鸟且x不会飞"。

不过，需要注意的是，弗雷格指出，全称命题中的x和特称命题中的x是不一样的。全称命题需要对任何x都成立，特称命题只需要对某个x成立。因此，弗雷格又引入两个符号∀x和∃x。其中，∀是倒写的A，暗示着"所有"（All）；∃是反写的E，暗示着"存在"（Exist）。于是，四种直言命题可以严格地表示为：①∀x(鸟(x)→会飞(x))，②∀x(鸟(x)→¬会飞(x))，③∃x(鸟(x)∧会飞(x))，④∃x(鸟(x)∧¬会飞(x))。其中，"鸟(x)"代表x是鸟，"会飞(x)"代表x会飞。

按照弗雷格的方法，我们便可以用符号表示像"所有成绩好的学生或者是勤奋的或者是聪明的"这样的命题了。从直言命题的角度看，"所有成绩好的学生或者是勤奋的或者是聪明的"相当于A命题，其主项是"成绩好的学生"，谓项是"勤奋的"和"聪明的"的析取。于是，我们可以先用符号写出一个A命题，然后再把谓项写成析取的形式，即 $\forall x($成绩好$(x) \rightarrow ($勤奋$(x) \lor$聪明$(x)))$。

从弗雷格对命题结构的分析中，我们可以看出，弗雷格实际上仿照数学的结构创造了一种可以用于表达命题的语言。弗雷格把他创造的语言称为概念文字，我们现在把弗雷格创造的语言称为一阶语言。一阶语言的创立意味着"莱布尼茨之梦"初步实现了。

当然，弗雷格的工作远不止于此。如果说布尔是要用普通代数表示逻辑关系，那么弗雷格则是要在逻辑的基础上构造出整个代数。

第三节
"梦想还是要有的，万一实现了呢"

弗雷格之后，英国哲学家罗素（Bertrand Russell）和他的老师怀特海（Alfred Whitehead）耗时十年写出了《数学原理》。这部书开创了数学基础研究中的逻辑主义。逻辑主义认为，所有数学真理都可以从逻辑出发，一步一步地证明出来。于是，《数学原理》出版后，随之而来的问题便是：所有数学真理真的都可以从《数学原理》给出的算术系统中证明出来吗？

库尔特·哥德尔

很不幸，美籍数学家哥德尔（Kurt Gödel）给出的答案是，如果算术系统中不存在相互矛盾的命题，那么至少存在一个数学真理在算术系统中是不能证明的。这个答案就是逻辑史上赫赫有名的**哥德尔不完全性定理**。哥德尔不完全性定理的提出改变了整个20世纪逻辑研究的面貌。2019年，联合国教科文组织将每年1月14日定为"世界逻辑日"，其用意也是为了纪念哥德尔这位20世纪的逻辑巨匠。

哥德尔证明的第一步是哥德尔编码。这是哥德尔证明中一个极具创意的做法。我们不具体深究哥德尔是怎么编码的，概言之，通过编码，哥德尔给每个命题都分配了一个独一无二的数字，就像学校给每个学生都分配了一个独一无二的学号一样。学号虽然只是一个数字，但分配给学生后就可以代表学生这个人了。这时学籍系统中管理的数字便不再是数字，而是数字所代表的学生，哥德尔编码的作用也是一样的。把命题编码成数字后，我们若再对数字进行计算，那么计算的将不仅是数字，还是命题。

如此一来，罗素和怀特海在《数学原理》中构造的算术系统就不单单是表达数字的系统了，也是表达命题的系统。这就意味着，算术系统不仅能够证明数字的性质，还能够证明命题的性质。

接下来便是哥德尔证明中关键的一步：哥德尔在算术系统中证明了一个命题，其表达的内容是"哥德尔编码为 g 的命题在算术系统中是不可证明的"。然而，巧合的是，哥德尔证明的这个命题的编码恰好就是 g。于是，哥德尔便证明了这样一个命题（不妨称为 G），命题 G 的意义恰好是命题 G 是不可证明的。现在，我们考察一下命题 G 的性质。

（1）若 G 是真的，则 G 在算术系统中是不可证明的。

（2）若 G 是假的，则 G 在算术系统中是可以证明的。但是，对于一个不包含相互矛盾的命题的逻辑系统而言，所有可以证明的命题将都是真的。[1]因而，如果算术系统中不存在相互矛盾的命题，那么 G 就是真的。

---

[1] 这个性质也称为逻辑系统的可靠性，有兴趣的读者可以考虑一下如何证明。

这就与G是假的相矛盾了。所以，G不可能是假的。

（3）若G在算术系统中是可以证明的，这便与G的意义矛盾了。所以，G在算术系统中不可能是可以证明的。

（4）若G在算术系统中是不可证明的，这恰好与G的意义一致。所以，G是真的。

于是，哥德尔便证明了，命题G是数学真理但却不能从算术系统中证明出来。事实上，哥德尔还证明了，任何一个逻辑系统，只要包含算术系统，就一定会有一个无法证明的真理。关于这个证明，我们就不再过多介绍了。简而言之，哥德尔不完全性定理表明，"莱布尼茨之梦"过于理想化了。

面对哥德尔不完全性定理，我们不妨多做一点思考。人的大脑包含算术系统吗？我想应该是包含的，因为人可以证明数学问题。那么人的大脑是不完全的吗？我认为不是，因为人不是只能像逻辑系统那样推演结论。例如，对于命题G，我们虽然不能在算术系统中证明它是真命题，但仍然可以知道它是真命题。这似乎意味着，逻辑系统和逻辑不完全是一回事。我们也许应该把注意力重新放回到逻辑学的初心上，即思维的规范。

番外篇

虽然"莱布尼茨之梦"过于理想化了，但我们也不能因此完全否定"莱布尼茨之梦"的价值。事实上，"莱布尼茨之梦"正在以另一种方式深刻地影响着我们现在的生活。

"莱布尼茨之梦"其实可以分解为两步：第一步，创立一套符号系统；第二步，操作这套符号系统。弗雷格创立一阶语言只相当于实现了第一步，而第二步则是由英国逻辑学家阿兰·图灵（Alan Turing）实现的。

阿兰·图灵

图灵设想了一个装置，这个装置由一条纸带、一个读写头和一个状态控制器组成。这个装置只能执行四个基本操作：左移、右移、读、写。每执行一个基本操作后，状态控制器都会指示当前所处状态。这个设想中的装置就是图灵所说的自动机，我们现在则把这个装置称为图灵机。图灵机正是现代计算机的理论基础，图灵也因此被誉为"计算机科学之父"。

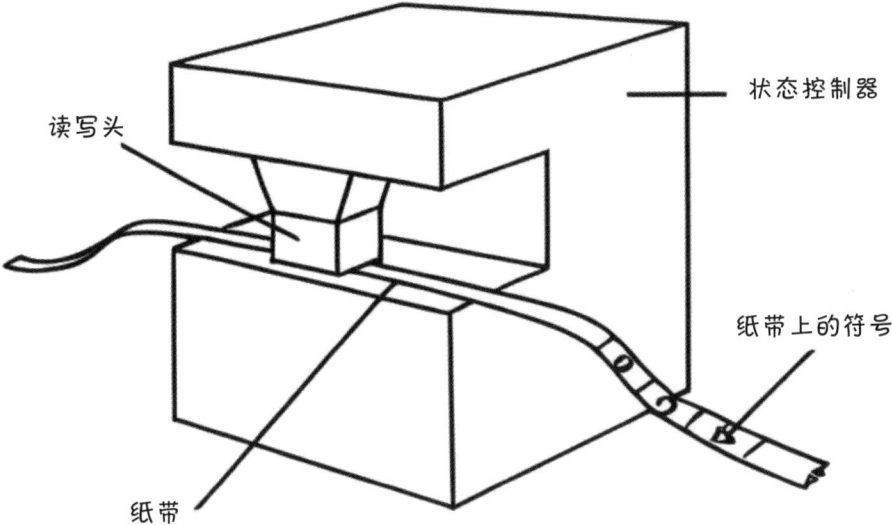

图灵机

别看图灵机只能执行如此简单的四个基本操作，但图灵机的计算能力与《数学原理》是一样的。这意味着，《数学原理》能证明的结论，图灵机都可以计算出来；《数学原理》不能证明的结论，图灵机也无能为力。因此，图灵机实际上并没有突破哥德尔不完全性定理的限制。

近几十年，新式计算机层出不穷。例如，DNA计算机、蛋白质计算机、细胞自动机、神经网络计算机、光学计算机、量子计算机等。然而，这些新式计算机能够计算的问题与图灵机能够计算的问题完全一致。在这个意义上，目前所有计算机也都未能突破哥德尔不完全性定理的限制。当然，我们不会否认，现代计算机的发展大大地提高了计算效率，也正无处不在地影响着我们的生活。

第七章

无效的论证一定不好吗

前面的内容中，我们关注的始终都是有效论证。可是，哥德尔不完全性定理提示我们，人的实际思维过程未必是像逻辑系统那样的推演。进一步考虑，人在实际论证中也未必追求像逻辑系统那样严格的证明。因此，我们不应该简单地拿有效性来"一刀切"所有的论证：有效论证固然是好的，但无效论证就一定不好吗？

第一节
演绎与归纳

我们先回忆一下有效性：在前提为真的条件下，结论是否一定也是真的。若结论一定是真的，则论证是有效的；若结论不一定是真的，则论证是无效的。

但是，结论不一定是真的，就意味着结论一定不是真的吗？

例7.1：二氧化氮和空气之间会发生扩散；所以，气体之间会发生扩散。

例7.2：硫酸铜的水溶液和水之间会发生扩散；所以，液体之间会发生扩散。

例7.3：铅片和金片之间会发生扩散；所以，固体之间会发生扩散。

例7.1~例7.3都是中学教科书上用于验证扩散现象的实验。可是，实验结论一定是真的吗？仅从以上三个例子看，未必是真的。因为气体、液体、固体的种类很多，我们不能因为只验证了其中几种，便断定所有气体、液体、固体之间都存在扩散现象。但我们完全不接受实验结论吗？不，我们似乎也会接受实验结论。因为实验至少说明结论在一定程度上是真的。

例7.4：4可以写成两个质数之和（2+2），6可以写成两个质数之和（3+3），8也可以写成两个质数之和（3+5）；所以，所有大于2的偶数都可以写成两个质数之和。

例7.4的结论也不一定是真的，但人们目前普遍相信例7.4的结论是真的。事实上，它正是大名鼎鼎的哥德巴赫猜想。

那么，哥德巴赫猜想的结论为什么不一定是真的呢？因为哥德巴赫猜想是无效论证，即使所有前提都是真的，也不足以说明结论是真的。可是，为什么人们又普遍相信哥德巴赫猜想呢？因为人们目前发现的都是正面个案，还从未发现过一个反例。其实，从逻辑学的角度讲，**猜想**的逻辑特征恰恰就是无效但未发现反例。因为若有效，那就是定理；若有反例，那便是"瞎想"。

因此，像例7.1~例7.4这样的论证，虽然都是无效的，但人们在生活中还是会经常用到。逻辑学中把这样的论证称为**归纳论证**。具体而言，归纳论证是指前提在一定程度上（但不必然）支持结论的论证。相应地，前提必然支持结论的论证是**演绎论证**。前文介绍过的三段论、命题逻辑等都属于演绎论证。

因为演绎论证关注的问题是前提是否必然支持结论，所以演绎论证可以用有效性来评价。但是，归纳论证由于不要求结论必然是真的，因而也不适合用有效性来评价。事实上，**所有归纳论证都是无效的**。

那么，我们又要怎么评价归纳论证呢？目前还没有一概而论的标准，人们通常都是根据实际需求而定。例如，对于例7.1~例7.3，如果是探究实验，那么只通过一组案例便得出结论，显然是草率的。但若是课堂演示实验，那么一组案例便可以说明问题了。再如，对例7.4而言，如果从数学证明的角度看，例7.4无论如何都不是一个好论证，但若从探索的角度看，例7.4却是一个有价值的好论证。

不过，虽说评价标准是"量体裁衣"，但我们仍要注意一个问题：在归纳论证中，使他人接受一个结论，常常是很困难的，我们通常都要列举大量的正面个案，但使他人拒绝一个结论，往往很简单，我们只要举出一个反例即可。

例7.5：植物的花粉细胞有细胞核，胚珠细胞有细胞核，柱头细胞有细胞核；所以，植物细胞都有细胞核。

例7.5是一个归纳论证，结论不一定是真的。我们若要使他人接受结论，便要列举大量的有细胞核的植物细胞来佐证，而且列举的证据越多，人们越容易接受其结论。但我们若要使他人拒绝其结论，则只要举出一个反例即可，如被子植物的成熟的筛管细胞没有细胞核。

以上所举例7.1~例7.5都是最简单的归纳论证，即把个案一个个地列举出来，只要没发现反例，便可以得出一个全称结论。我们也把这种归纳论证称为**枚举归纳**。对于个案较少的情况，我们也可以把所有个案都列举出来，如果所有个案都不构成反例，那么我们便可以十分确信地得出一个全称结论。

例7.6：幼儿园学生可以购买优惠票，中、小学生可以购买优惠票，高等院校学生可以购买优惠票；所以，所有学生都可以购买优惠票。

我们知道，学生只包括幼儿园学生、小学生、中学生和高等院校学生。因此，例7.6的前提实际上列举了所有个案，并且不存在反例。所以，我们可以十分确信地接受例7.6的结论，我们也把像例7.6这样的枚举归纳称为完全枚举归纳。

既然完全枚举归纳的结论是十分确信的，那么完全枚举归纳是演绎论证吗？对于此问题，我们不妨换个角度思考：演绎论证可以看作是从普遍到个别的推理，例如，从"鸟会飞"推知"企鹅会飞"。枚举归纳则相反，是从个别到普遍的推理，例如，从"企鹅会飞"推知"鸟会飞"。从这个角度说，完全枚举归纳和演绎论证还是有区别的。

我们看到，演绎论证是从普遍到个别，枚举归纳是从个别到普遍。那么，从个别到个别和从普遍到普遍又分别是什么论证呢？

第二节
类比论证

例7.7：人类在宇宙中寻找宜居星球时发现，天鹅座的开普勒452b的环境和地球类似，都是岩质行星，且有水和大气层等。所以，人们推测，开普勒452b适宜人类居住。

例7.7是一个从个别到个别的论证。其前提是开普勒452b的环境和地球类似，结论是开普勒452b适宜人类居住。具体而言，例7.7写成标准格式是：

地球是岩质行星，有水和大气层等，且适宜人类居住，

开普勒452b是岩质行星，有水和大气层等；

所以，开普勒452b适宜人类居住。

我们从标准格式中可以看出，例7.7实际上是通过开普勒452b和地球在某些性质上相似（都是岩质行星，有水和大气层等）来论证开普勒452b和地球在另一性质上也相似（都适宜人类居住）的。我们把这种通过比较相似性而做出的论证称为类比论证。一般来说，类比论证的标准格式都是：

甲有性质a、b、c、d，

乙有性质a、b、c；

所以，乙有性质d。

其中，甲、乙既可以指代个别，也可以指代普遍。例如，我们在学习电磁波时，有些书中会这样讲：我们说话时声带的振动在空气中形成声波。类似的还有导线中电流的变化会在空间中激起电磁波……由声波具有波峰、波谷等性质可以推断电磁波也具有波峰、波谷等性质。这就是从普遍到普遍的类比论证。

不过，无论甲、乙指代的是个案还是普遍性，甲和乙毕竟是不同的事物。因此，我们在用甲的性质类比乙的性质时，无法保证乙必然具有与甲完全相同的性质，就像我们如果不到开普勒452b实地考察一下，就永远无法知道开普勒452b是否真的适宜人类居住一样。所以，类比论证属于归纳论证。

类比论证在日常生活中十分常见。例如，我们在买西瓜时通常会拍一拍，这是为什么呢？从经验上讲，当我们用一只手扶着西瓜，另一只手去拍，如果扶着西瓜的手感到明显的振动，那么这个西瓜通常比较甜。所以，我们实际上是用拍一拍的方法推测西瓜甜不甜。这个方法也可以用以下论证表示：

经验中的甜西瓜，振动明显，

这个西瓜，振动明显；

所以，这个西瓜甜。

由上文可见，挑西瓜的方法其实也是类比论证。然而，这样挑出来的西瓜保证会甜吗？未必。因为类比论证不能保证结论一定是真的。不过，擅于挑西瓜的人还知道，瓜蒂凹陷的西瓜通常也比较甜，拍打时声音通透的西瓜通常也比较甜。所以，挑西瓜时不能只认准拍一拍，还应该看一看、听一听，多方面比较。相似的性质越多，类比得到的结论就越可靠。

再如，我们刚刚提到，有些书在讲电磁波的性质时会用声波做类比。这种借用熟知事物来讲述未知事物的做法，也是类比论证常见的用法。不过，我们也应该注意，在用声波类比电磁波时，并不是什么性质都能拿来类比的。比如，书中会讲声音的传播需要介质，而电磁波不需要。这是因为声波与电磁波的产生机理不同，声波是由机械振动产生的，电磁波是由电磁振荡产生的。因此，在类比论证中，相似的性质应当与结论有关联，而且关联越紧密，得出的结论越可靠。

此外，人们在做类比时，除了寻找相似性外，还可以创造相似性。例如，在车辆碰撞实验中，用假人做实验，便是在创造相似性。通过类比论证，我们就可以根据假人在车辆发生碰撞后的状况，推知真人在车辆发生碰撞后的状况。而假人与人越相似，类比的结论越可靠。

我们也把这种人为地创造相似性进行类比的方法称为模型法。除了车辆碰撞实验外，风洞实验、淋雨实验、防霉实验等，也都是模型法的应用。此外，物理课上讲的物理模型，化学课上讲的原子结构模型等，也都用到了模型法。事实上，仿生学的出现便是人们有意识地运用模型法的结果。因此，类比论证在科学研究中的应用也是非常广泛的。

穆勒的方法

枚举归纳和类比论证是归纳论证的两种类型。由于这两种类型都可以得出普遍的结论，因此，归纳论证可以用于探究普遍性规律或规则。有些规律或规则相对简单，我们只用一种类型的论证便可以完成探究。但有些规律比较复杂，如因果关系，我们只用一种归纳论证可能探究不到规律，这时就要综合运用枚举归纳和类比论证了。

例7.8：朋友们相约聚餐。第二天，所有人都肚子痛。医生判断是病从口入。因为朋友们平时都是各吃各的，只有聚餐时才在一起吃东西。于是，朋友们推测，肚子痛是由聚餐导致的。

例7.8的分析过程是这样的：首先，从类比论证的角度讲，朋友甲肚子痛且吃过食物X，朋友乙也肚子痛，所以，朋友乙应该也吃过食物X。其次，因为朋友甲和朋友乙只有聚餐时才在一起吃东西，所以食物X应该是聚餐时吃的。最后，由于每个参加了聚餐的朋友都肚子痛，无一例外，因此，根据枚举归纳的方法，我们可以非常确信地得出结论：肚子痛是聚餐导致的。

以上就是综合运用枚举归纳和类比论证探究肚子痛的原因的全过程。虽然结论很显然，但过程却很复杂。那么，有没有什么方法可以简化上述的分析过程呢？答案是有。英国哲学家约翰•斯图尔特•穆勒（John

Stuart Mill）针对探究因果关系提出了五种方法，分别是求同法、求异法、求同求异并用法、共变法、剩余法。这就是我们现在所说的探求因果关系五法，也称**穆勒五法**。穆勒五法可谓是古典归纳逻辑的集大成之作。接下来，我们便逐一介绍。

约翰·斯图尔特·穆勒

（一）求同法

我们仍以例7.8为例。按照穆勒的方法，我们不需要区分枚举归纳和类比论证，只要把所有人共同吃过的食物找出来就可以了。这就是穆勒提出的求同法。不过，在找共同吃过的食物时，我们还要注意两个问题：第一，我们必须要在肚子痛之前吃过的东西中找共同的食物，这是因为原因一定出现在结果之前，我们也把出现在某事件之前的事件称为该事件的**先行事件**；第二，共同的食物是所有人都吃过的食物，除此以外，没有其他任何食物有两个或两个以上的人吃过。

对于更一般的情况，我们可以这样来应用求同法：考察被探究事件a发生的若干场景，若这些场景中只有先行事件A是相同的，其余先行事件都不同，则我们可以得出结论：先行事件A是被探究事件a的原因。上述分析过程也可以用表7.1说明，如下所示：

表7.1

场景	先行事件	被探究事件
（1）	A、B、C	a
（2）	A、D、E	a
（3）	A、F、G	a
……	……	……
所以，先行事件A是被探究事件a的原因		

我们再看一个求同法的例子。

例7.9：将盐酸、醋酸、稀硫酸分别滴入紫色石蕊试液中，会发现紫色石蕊试液均变红。不难发现，盐酸、醋酸和稀硫酸的阳离子都是H^+，而阴离子各不相同。根据求同法，我们可以得出结论：H^+是使紫色石蕊试液变红的原因。

例7.9也是求同法的具体应用。不过，敏锐的读者应该已经发现了，这个实验是有瑕疵的。因为盐酸、醋酸和稀硫酸中相同的不只是H^+，还有水。然而，求同法要求只能有一个先行事件相同。所以，严格来说，结论应该是：H^+或水是使紫色石蕊试液变红的原因。那么，我们能不能从原因中排除水呢？这便要用到求异法了。

（二）求异法

继续分析例7.9，要怎样说明水不能使紫色石蕊试液变红呢？答案其实很明显，紫色石蕊试液中原本就有水，所以水不可能使紫色石蕊试液变红。严格一点，我们还可以做个对比：紫色石蕊试液中有水和石蕊，不呈现红色；加入盐酸后，溶液中有盐酸（H^+和Cl^-）、水和石蕊。通过对比，不难看出，二者的区别在于盐酸。所以，盐酸是使紫色石蕊试液变红的原因，而水不是。这就是求异法了。

对于更一般的情况，我们可以这样来应用求异法：考察被探究事件a发生和不发生的两个场景，若在事件a发生的场景中有先行事件A，在事件a不发生的场景中没有先行事件A，其余先行事件都相同，则我们可以得出结论：先行事件A是被探究事件a的原因。上述分析过程也可以用表7.2说明，如下所示：

表7.2

场景	先行事件	被探究事件
（1）	A、B、C	a
（2）	−、B、C	−
所以，先行事件A是被探究事件a的原因		

从表7.2中，我们可以看出，求异法的要求比求同法更苛刻。因为求异法只允许有一个先行事件不同，而在现实生活中，只有一个不同比只有一个相同要困难得多。不过，求异法也有其优势。求异法只需要正反两组场景便可以得出结论。因此，如果人为设计实验的话，求异法将比

求同法更加方便。

例7.10：取两支试管，一支加入葡萄匀浆，另一支加入等量的水。然后，分别向两支试管中加入等量的斐林试剂，并将两支试管同时浸入盛有50~65℃温水的大烧杯中，水浴加热2分钟。我们发现，加入葡萄匀浆的试管中出现了砖红色沉淀，加入水的试管中没有变化。根据求异法，我们可以得出结论：葡萄匀浆是使斐林试剂产生砖红色沉淀的原因。

例7.10是用斐林试剂检验葡萄糖的实验。实验原理很简单，即可溶性还原糖遇斐林试剂产生砖红色沉淀。但我们在设计实验时需要注意，不能只设计加入了葡萄匀浆的实验组，还必须要设计没加入葡萄匀浆的对照组。这是因为求异法要求必须有正反两个场景。如果缺少对照组，我们便无法说明是什么物质使斐林试剂产生了砖红色沉淀。这样一来，即使明知葡萄糖可以使斐林试剂产生砖红色沉淀，也不能说明葡萄匀浆中含有葡萄糖。

（三）求同求异并用法

对比求同法和求异法，我们发现两种方法各有优劣。那么，我们可不可以把两种方法结合起来，取长补短呢？

例7.11：在某新型抗病毒药物的动物实验中，首先选择一批健康状况相似的小白鼠，然后随机分成两组。其中一组注射病毒后再注射药物，另一组只注射病毒但不注射药物。两组对照，如果第一组小白鼠都恢复健康，第二组小白鼠都致病，根据求同求异共用法，我们可以得出结论：新型抗病毒药物有效。

在例7.11中，把小白鼠分成实验组和对照组，这是求异法的思路。其中每一组的操作都是相同的，这又是求同法的思路。因此，例7.11在实验设计上结合了求同法和求异法的思路。穆勒也把这种做法称为求同求异并用法。

然而，求同求异并用法也仅是求同法和求异法在思路上的结合，实际做法则与求同法和求异法都有所出入。例7.11中的小白鼠只是健康状况相似，既不满足只有一个先行事件相同的要求，也不满足只有一个先行事件不同的要求。所以，例7.11不能拆分成一次求异法和两组求同法。我们可以用表7.3来说明求同求异并用法的特点，如下所示：

表7.3

场景	先行事件	被探究事件
（1）	A、B、C	a
（2）	A、D、C	a
（3）	A、B、E	a
……	……	……
（4）	－、F、G	－
（5）	－、H、D	－
（6）	－、G、B	－
……	……	……
所以，先行事件A是被探究事件a的原因		

不难看出，在场景（1）和场景（2）中，除事件A相同外，事件C也是相同的。在场景（1）和场景（6）中，除事件A不同外，事件C和事件G也是不同的。因此，拆开来看，求同法和求异法都是不适用的。

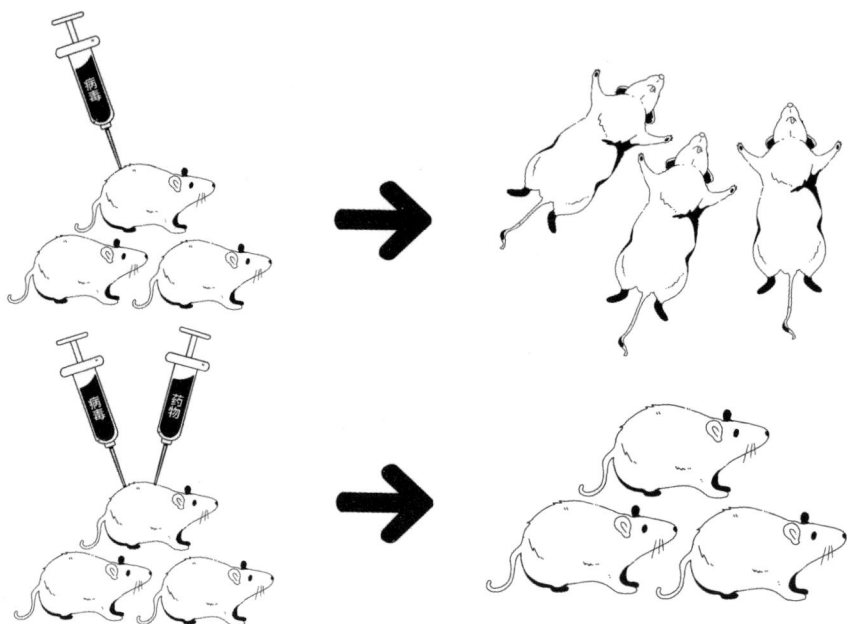

当然，求同求异并用法也不是在否定求同法或求异法的条件。因为无论哪种方法得出的结论都不是必然的。所以，拆开看条件是弱，但合在一起就能尽可能得出结论了。

（四）共变法

穆勒提出的第四种方法是共变法。共变法是指，在只有先行事件A发生变化的情况下，若被探究事件a也发生了变化，则先行事件A是被探究事件a的原因。表7.4即是对共变法的说明：

表7.4

场景	先行事件	被探究事件
（1）	A、B、C	a
（2）	A_1、B、C	a_1

场景	先行事件	被探究事件
（3）	A_2、B、C	a_2
（4）	A_3、B、C	a_3
……	……	……
所以，先行事件A是被探究事件a的原因		

例7.12：让一个小球从斜面的固定高度由静止开始下滑到平面上。然后依次在平面上铺上棉布、沙土等，观察小球在平面上滚动的距离。可以发现，平面越光滑，小球滚动的距离越长；平面越粗糙，小球滚动的距离越短。根据共变法，我们可以得出结论：平面的光滑程度是决定小球滚动距离的原因。

例7.12是共变法的一个应用，也是牛顿第一定律的探究实验。我们知道，这个实验的重点是小球每次都要从同一高度由静止开始下滑。因为只有这样才能保证平面的光滑程度是唯一变化的先行事件。

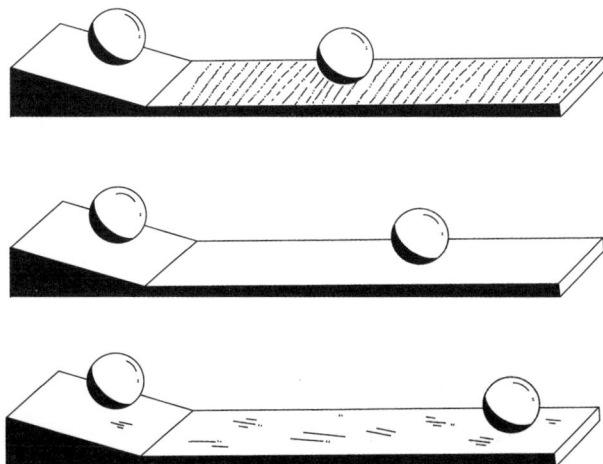

相较于前三种方法，共变法还有一个独特之处——共变法可以在定性分析的基础上进一步定量分析被探究事件a与先行事件A二者变化率之间的关系。

例7.13：用槽码牵引装有砝码的小车向前运动，并用打点计时器记录小车的运动状态。我们发现，若保持砝码的数量不变，则槽码的个数越多，打点的距离越远；若保持槽码的数量不变，则砝码的个数越多，打点的距离越近。于是，我们可以定性地得出结论：槽码的牵引力是影响小车运动状态的原因，小车的质量也是影响小车运动状态的原因。我们还可以进一步定量分析槽码数量和砝码数量分别与打点距离之间的关系。从而得出结论：小车的加速度与受到的力成正比，与小车的质量成反比。

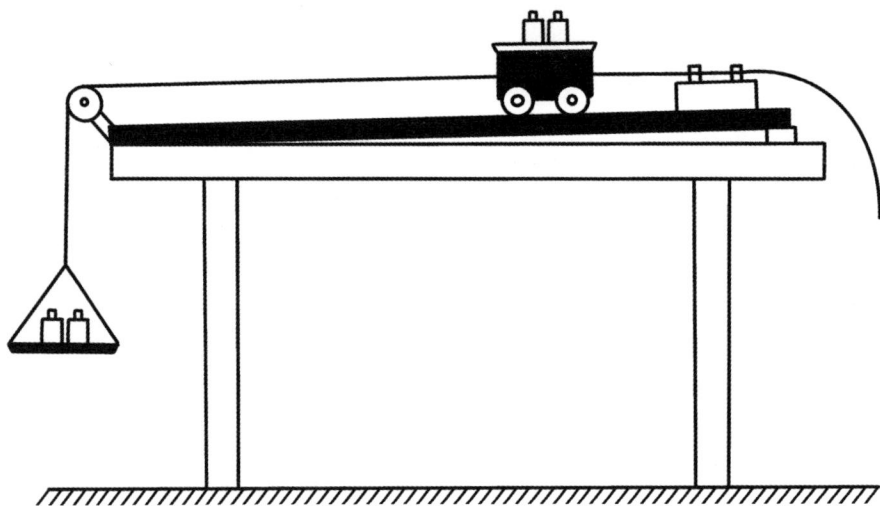

例7.13是牛顿第二定律的探究实验，其独特之处在于，不仅定性地分析了影响小车运动状态的原因，还定量地计算了运动状态变化的数值

（即 $a=\dfrac{F}{m}$ ）。正是由于共变法可以用于定量分析，但每次只能改变一个先行事件，因而，物理学中也将共变法称为控制变量法。

（五）剩余法

剩余法是穆勒提出的最后一种方法。剩余法是指，若某个复杂事件（包含A、B、C）是另一个复杂事件（包含a、b、c）的原因，并且目前已知B是b的原因，C是c的原因。于是，我们可以得出结论：A是a的原因。

例7.14：过去人们认为人体需要六类营养素，分别是糖、脂肪、蛋白质、水、无机盐和维生素。例如，糖为人体活动提供能量，维生素会影响生长发育等。然而，有些生理机能，如促进胃肠蠕动、维护心脑血管健康和维持正常体重等，人们始终无法将其与这六种营养物质的作用对应起来。人们后来发现，许多食物中还含有一种物质——膳食纤维。虽然人体无法消化膳食纤维，但根据剩余法可知，膳食纤维正是维持那些正常生理机能的原因。因而，人们也把膳食纤维称为"第七类营养素"。

以上便是穆勒提出的探求因果关系的五种方法。需要注意，穆勒五法都是归纳论证，也就是说，穆勒五法有可能得出错误的结论。

例如，我们在学习化学时都用过元素周期表。根据求同法可知，原子最外层电子数是决定元素化学性质的原因。根据共变法可知，核外电子层数是决定元素金属性的原因，且是正相关的。然而事实上，元素周期表中存在许多反常。比如，IB族中的铜（Cu）、银（Ag）、金（Au）在水溶液中常见的稳定价态都不一样，分别是+2价、+1价、+3价；再如，铝（Al）的金属性强于镓（Ga）等。不过，这些反常尚不足以说明穆勒五法是错的。因为由穆勒五法得出的结论本来就不一定是真的，只要反常没有那么多就能接受。这也是前文所说的，归纳论证的评价标准是根据实际需求而定的。

当然，我们还是希望尽可能得出真结论的。所以，我们在应用穆勒五法时不妨多用几种方法，多换几个角度。例如，在研究元素的化学性质时，不仅对电子层应用穆勒五法，也要对电子能级应用穆勒五法。总之，我们多做一点，就会离真相更近一点。

第八章

议论文要怎么写

无效论证不一定不好，有时候论证的好坏要视实际情况而定。这表明，论证形式不是影响论证好坏的唯一要素。事实上，论证内容也会影响论证的好坏。例如，在议论文写作中，不同的写作素材将会直接影响议论文的好坏。因此，我们接下来便以议论文写作为例来说明论证内容与论证好坏之间的关系。这也是非形式逻辑主要关心的问题。

第一节
论点、论据、论证

议论文是一种文章体裁。与记叙文、说明文等不同，议论文的核心是论证。我们都学过，议论文有三要素：论点、论据、论证。其中，论点是文章要表达的观点，论据是用来证明观点的材料，论证是论据与论点之间的逻辑关系。不难看出，论点相当于论证的结论，论据相当于论证的前提，论证相当于论证中前提对结论的支持关系。

不过，需要说明的是，议论文写作也有其特殊性。在数学或自然科学中，论证通常是先确立前提，然后再推导结论。例如，"已知$\sqrt{2}$要么是有理数，要么是无理数，又知道$\sqrt{2}$不是有理数，所以，$\sqrt{2}$是无理数"，这是一个数学中的论证。在做此论证之前，我们是不知道结论的，"$\sqrt{2}$是无理数"是由排中律和析取的性质推导出来的。然而，在议论文写作时，作者往往是先酝酿出结论，然后再搜集或组织前提。例如，战国末年李斯在《谏逐客书》中便先给出论点"逐客为过"，然后再搜集并组织素材（事实、道理）来支持他的论点。因此，议论文写作一般是从结论开始构造论证的。

关于结论，也即议论文的论点，其最基本的要求便是明确。也就是说，主张什么，反对什么，要清清楚楚，不能模棱两可。这其实也是同一律、矛盾律和排中律的基本要求：主张什么就主张什么，反对什么就反对什么；不能既主张什么，又反对什么；也不能既不主张什么，又不反对什么。总之，论点要体现出旗帜鲜明的立场。

提出论点后，接下来便要给出论据（前提）了。议论文的论据可以分为两类：事实论据和道理论据。事实论据就是摆事实，所摆事实既可以是历史事件，也可以是生活事例，还可以是统计数据等。道理论据就是讲道理，所讲道理既可以是名言警句，也可以是民间谚语，还可以是精辟的理论等。不过，摆事实、讲道理都不是目的，目的是用事实和道理支撑论点。因此，论据的重点是要与论点建立联系。

论据与论点的联系即是论证。议论文中的论证可以分为立论和驳论，不过，二者本质上是一样的：立论即论证某个论点正确，驳论即论证某个论点不正确。所以，无论立论文还是驳论文，我们要考虑的论证都是一样的。那么，论证又是怎样的呢？

很多书在讲到议论文的论证方法时都会讲举例论证、道理论证、对比论证、比喻论证等。可是，我们深入思考一下，这些方法能表明论据和论点之间怎样的联系呢？举例论证是用举例子的方式说明论点，道理论证是用讲道理的方法说明论点，对比论证是指论据包括正反两个方面，比喻论证指论据采用了比喻的手法。所以，不同论证方法之间的区别就在于论据不同吗？如果这样，议论文又何必需要三个要素呢？只要有论点和论据就可以了，反正论证是根据论据来讲的。因此，这种根据论据来区分论证的方法，显然不能说明论据和论点之间的联系。那么，议论文写作中的论证究竟应该是怎样的呢？

第二节
图尔敏论证模型

英国逻辑学家、非形式逻辑运动的先驱斯蒂芬·图尔敏（Stephen E. Toulmin）受法律论证的启发，于1958年提出了一种用于阐释论证结构的模型。我们现在把这个模型称为图尔敏论证模型。图尔敏论证模型可以很好地说明议论文写作中的论证是怎样的。

斯蒂芬·图尔敏

图尔敏论证模型包含三个基本要素，分别是主张、根据和保证。其中，主张即有待论证的观点，根据是用于支持主张的事实或理由，保证是确保根据可以支持主张的原则或规律。例如，在"所有鸟都会飞，企鹅是鸟，所以，企鹅会飞"中，"企鹅会飞"是主张，"企鹅是鸟"是根据，"所有鸟都会飞"是保证。我们可以用一组问答来理解主张、根据和保证之间的关系，如下所示：

主张：企鹅会飞。

问：企鹅为什么会飞？

答：因为企鹅是鸟。（根据）

问：为什么企鹅是鸟，就会飞呢？

答：因为所有鸟都会飞。（保证）

在上述问答中，"所有鸟都会飞"并不是对"企鹅会飞"的直接支持，而是在阐述"企鹅是鸟"与"企鹅会飞"之间的关系。因此，我们可以如图8.1那样表示主张、根据和保证之间的关系：

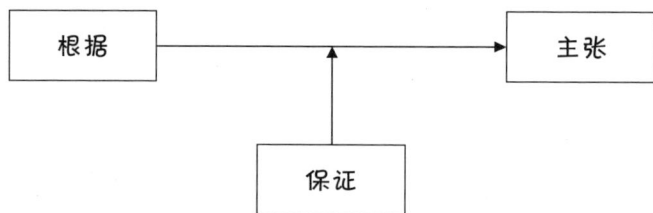

图8.1　图尔敏论证模型（基本型）

在图8.1中，箭头表示支持关系。我们看到，由根据出发的箭头指向主张，这表明根据的作用是支持主张，由保证出发的箭头指向根据到主张的箭头，这表明保证支持的既不是根据，也不是主张，而是根据与主张之间的支持关系。

显而易见，图尔敏论证模型中的主张便是议论文三要素中的论点，根据则相当于论据。但是，保证是议论文中的论证吗？通常而言，图尔敏论证模型中的根据是事实性的证据或数据，保证是一般性的原则或规律。因此，从议论文的角度看，根据属于事实论据，而保证则是道理论据。议论文三要素中的论证实则对应着图尔敏论证模型中用箭头表示的支持关系。

不过，以上对应仅限于比较简单的议论文。对于复杂的议论文来说，比如含有分论点的议论文，事实论据不一定都是根据，也可能是支援。这是因为保证只是一般性的原则或规律，所以有可能会受到质疑。此时，我们便要先用事实来核实保证。用于核实保证的事实论据又称为支援。我们由此也可以看出，同样都是事实论据，因为支撑的对象不同，所以对应着图尔敏模型中的不同要素。

除支援外，图尔敏模型还可能包括的结构是可能的反例和模态限定词。因为保证是一般性的原则或规律，即使有支援核实保证，仍然不排除有例外的可能。可能的反例反映的便是例外情况。进而，既然存在可能的反例，我们便不能断言主张一定成立。所以，我们还要为主张添加一个模态限定词，即可能、必然等。

对于支援、可能的反例和模态限定词，我们仍然可以用一组问答来理解三者之间的关系，如下所示：

问：为什么所有鸟都会飞？

答：天鹅是鸟，海鸥是鸟，大雁也是鸟；我们看到，这些鸟都会飞。（支援）

问：难道就没有不会飞的鸟吗？

答：鸵鸟不会飞。（可能的反例）

问：那你还能肯定企鹅会飞吗？

答：只能说，企鹅有可能会飞。（模态限定词）

根据上述问答，我们又可以画出包含支援、可能的反例和模态限定词的图尔敏论证模型，如图8.2所示。

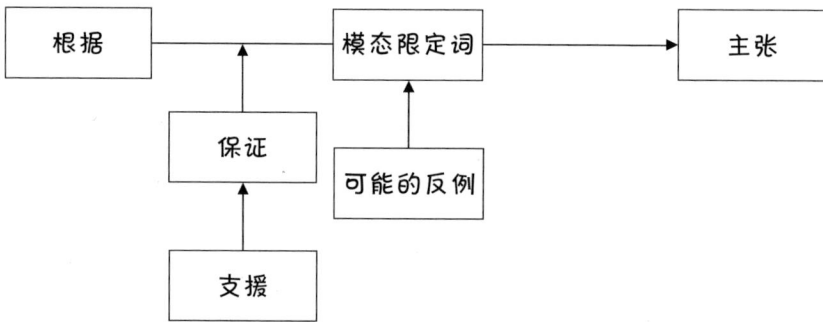

图8.2　图尔敏论证模型（扩展型）

从图8.2中不难看出，由支援出发的箭头指向保证，这表明，支援的作用是支持保证。由可能的反例出发的箭头指向模态限定词，这表明可能的反例是模态限定词的依据。模态限定词则插在由根据到主张的箭头中间，根据到模态限定词没有箭头，模态限定词到主张的箭头本质上是根据对主张的支持，模态限定词只是在此支持关系中插入的一个补充说明。

以上六个要素便是图尔敏论证模型的所有要素了。按照图尔敏的观点，主张、根据、保证是基本要素，任何论证都必须完整地包含三个基本要素，缺少任何基本要素的论证都是不对的。当然，在实际论辩时，出于种种考虑，有的要素可以省略不说，但不说不代表没有。支援、可能的反例和模态限定词是扩展要素，论证不必完整地包含这三个要素，甚至可以一个都不包含。事实上，扩展要素仅仅是对基本要素的补充说明。在实际论辩时，如果没有人提出质疑，那么我们也就没有必要做出回应了。

在明确了图尔敏论证模型的六个要素后，我们便可以用图尔敏论证模型来分析和指导议论文写作了。例如，我们可以分析李斯在《谏逐客书》中究竟是如何构造论证的。

《谏逐客书》是我国文学史上一篇非常著名的议论文，也被选入了统编版语文教科书。从写作内容来看，全文可分为五部分。其中，开篇第一句是中心论点，即"逐客为过"。接下来，李斯从三方面展开了论述：（1）昔日秦国四位君主因"用客"而成就丰功伟绩；（2）他国的珠玉、美色、音乐更能满足秦王的喜好；（3）泰山、河海、王者的例子无不表明"地无四方，民无异国"的道理，而"逐客"则是"藉寇兵而赍盗粮"的行为。最后，总结全文，指出非秦之物仍有可取之处，非秦之才也有可用之才，逐客将导致资敌、损民、益仇的局面。

毋庸置疑，中心论点相当于图尔敏论证模型中的主张，从三个方面展开的论述则相当于图尔敏论证模型中的其他要素。

首先，昔日秦国四位君主的事例是对当时秦国宗室大臣提出的"逐客"观点的反驳。

其次，李斯列举他国的珠宝、美色、音乐的用意在于表明外来人与外来物类似，不应有轻重之别。因此，有关他国的珠宝、美色、音乐的论述其实是对主张的直接支持。或者说，这一方面的论述相当于图尔敏论证模型中的根据。

再次，为什么不应该区别对待外来人和外来物呢？李斯提出了"地无四方，民无异国……此五帝三王之所以无敌也"的说法。故而，"地无

四方，民无异国"的说法是用来阐释外来人为什么与外来物类似的，即起到了保证的作用。当然，我们也看到，李斯在提出"地无四方，民无异国"的说法时并非简单地只说了这一句。李斯实际上是以泰山、河海、王者为例引出的这个说法。因此，泰山、河海、王者的例子其实都是在保证，也即是支援。

李斯

最后，"藉寇兵而赍盗粮"可以看作是预先对可能的反例做出的反驳，其目的是指出可能存在的"逐客"都不会构成真正的反例。因而，不存在可能的反例来削弱主张。

综上所述，我们看到《谏逐客书》的论证其实可分为三部分：首先是有针对性的驳论，然后是立论，最后又是预防性的驳论。对于后两部分，我们可以用图尔敏论证模型表示出来，如图8.3所示。

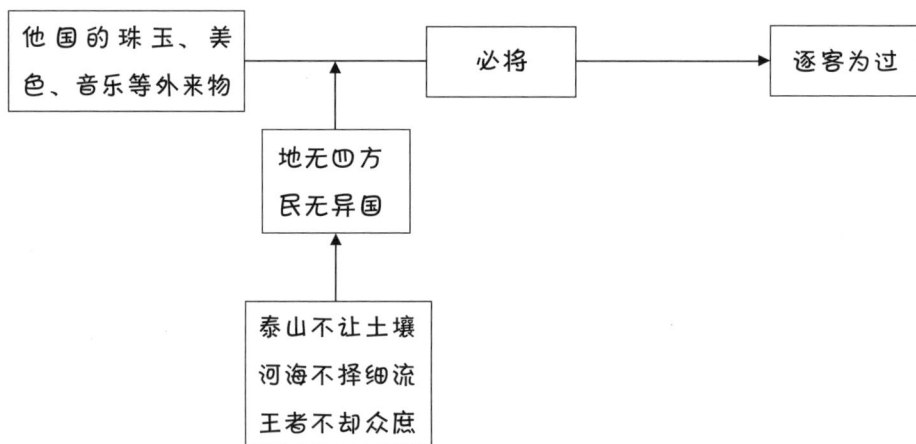

```
┌──────────────┐      ┌──────┐      ┌──────────┐
│他国的珠玉、美 │─────→│ 必将 │─────→│ 逐客为过 │
│色、音乐等外来物│      └──────┘      └──────────┘
└──────────────┘
       ↑
┌──────────────┐
│  地无四方    │
│  民无异国    │
└──────────────┘
       ↑
┌──────────────┐
│ 泰山不让土壤 │
│ 河海不择细流 │
│ 王者不却众庶 │
└──────────────┘
```

图8.3 《谏逐客书》的立论

关于图8.3，需要说明的是，模态限定词是隐含的。因为李斯最后预防性地反驳了可能的反例，所以主张不会被削弱。因而，我们可以认为，李斯隐含的意思是"逐客必将是错误的决定"。

以上便是用图尔敏论证模型对《谏逐客书》做出的论证分析。

我们不妨将图尔敏论证模型与以往分析议论文的方式做个对比。例如，从以往的分析方式看，《谏逐客书》中多次使用了举例论证。可是，李斯为什么要举这么多例子呢？少举几个或多举几个可不可以呢？以往的分析方式是回答不了这些问题的。然而，从图尔敏论证模型来看，李斯每次举例的作用都是不一样的：或者是根据，或者是支援，或者是预先的反驳。所以，如果少举几个例子，那么论证将会受到影响，尤其是少了根据，论证便不完整了。反之，若多举几个例子，虽无不可，但也无太多必要，因为图尔敏论证模型已经完整了，多举的例子在逻辑上不会起到新的作用。

再如，按照以往方式分析，李斯在论述"地无四方，民无异国"时采取了对比论证。然而，此处对比与论点之间又有什么关系呢？以往的分析方式似乎也说不清楚。不过，根据图尔敏模型，正反对比其实分别起到了不同的作用。正面论证起到了保证和支援的作用，反面论证则是预先对可能的反例做出的反驳。

当然，以上是针对整篇文章做出的分析。对于文章的细节，我们也可以用类似的方式分析。例如，对于有分论点的文章，分论点和中心论点之间的关系可以用图尔敏论证模型分析，每个分论点也都可以单独用图尔敏论证模型分析。不过，对于更小的细节，比如只有一个前提的论证，我们还是采用分析论证的方法更加方便一些。

第三节

论证的好坏

我们现在已经了解了如何用图尔敏论证模型分析论证，接下来的问题自然就是如何基于图尔敏论证模型评价论证的好坏了。对于图尔敏论证模型，我们主要采用反驳要素法进行评价。

所谓**反驳要素法**，其实就是对图尔敏论证模型中各要素提出合理的质疑。我们在解释图尔敏论证模型各要素之间的关系时，曾采用了问答的方式，而这一问一答之间其实就已经相当于在质疑各要素了。所以，反驳要素法实质上与我们前文给出的问答过程是一致的。下面是关于"企鹅会飞"论证的图尔敏模型，如图8.4所示。

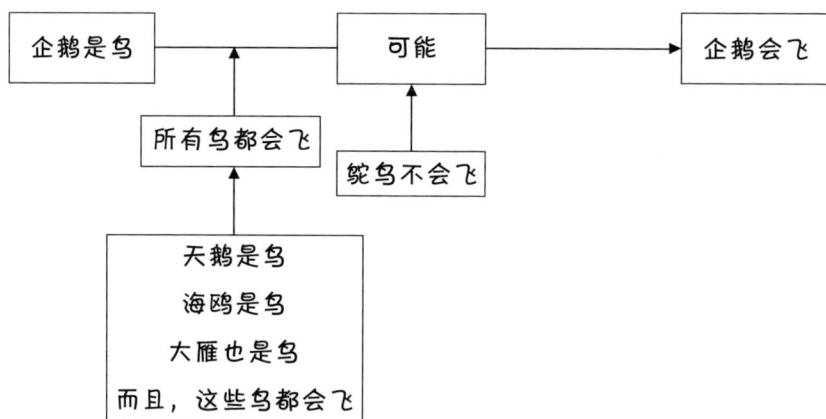

图8.4 "企鹅会飞"论证的图尔敏论证模型

针对图8.4中的图尔敏论证模型，我们可以按照如下方法提出质疑。

主张：企鹅会飞。

质疑1：企鹅为什么会飞？

根据：因为企鹅是鸟。

质疑2：为什么企鹅是鸟，就会飞呢？

保证：因为所有鸟都会飞。

质疑3：为什么所有鸟都会飞？

支援：天鹅是鸟，海鸥是鸟，大雁也是鸟，我们看到，这些鸟都会飞。

质疑4：难道就没有不会飞的鸟吗？

可能的反例：鸵鸟不会飞。

质疑5：那你还能肯定企鹅会飞吗？

模态限定词：只能说，企鹅有可能会飞。

在上述质疑中，如果任何一个质疑没有得到合理的回答，那么我们便认为这个论证是不好的。例如，如果保证没有阐释清楚根据对主张的支持，那么这意味着质疑2没有得到合理的回答。于是，我们认为论证是不好的。再如，保证虽然有阐释根据对主张的支持，但其本身却未经核实，那么这意味着质疑3没有得到合理的回答。于是，我们也认为论证是不好的。当然，假如没有人提出质疑3，这意味着我们没有必要做出回答，此时即使没有支援核实保证，我们仍然可以认为论证是好的。

需要说明的是，从逻辑学的角度讲，根据、支援和可能的反例是不应该被质疑的。因为根据、支援和可能的反例都属于事实论据，而事实究竟如何，这已经超出了逻辑学的范围。我们在前文中也多次提到，逻辑学只考虑命题之间的真假关系。因此，在反驳要素法中，有关根据、支援和可能的反例的回答，我们只评价其是否得到证实，至于具体是如何证实的，我们不做逻辑上的考虑。

最后，我们再在反驳要素法的基础上探讨一下如何驳论。

我们注意到，在图尔敏论证模型中，可能的反例与根据、支援的作用效果不太一样，虽然三者都是事实论据。对于根据和支援而言，若二者是虚假的或未经证实的事实，则主张是存疑的。但是，可能的反例的作用效果却是相反的。若可能的反例是虚假的或未经证实的，则非但不能说明主张是存疑的，反而还在一定程度上消减了人们对主张的疑虑。例如，李斯在《谏逐客书》中预先用"藉寇兵而赍盗粮"反驳了可能会出现的有关逐客之利的说法，从而提前消减了可能的反例的影响，进而隐含地表达出模态限定词"必将"，加强了主张。

相反，假如可能的反例是经过证实的事实，是不是意味着我们便可以理所当然地拒绝主张呢？实际上未必如此。在可能的反例得以证实的情况下，我们还要进一步追问主张是否恰好属于反例所涉及的情形。例如，在图8.4中，因为企鹅不属于"鸵鸟会飞"所涉及的情形，所以，我们还是可以说"企鹅会飞"的。只不过由于存在可能的反例，因而，我们的信念将不再那么坚定，而是退一步说"企鹅可能会飞"。但如果可能的反例是"加环岛企鹅不会飞"，那么我们就要拒绝"企鹅会飞"的主张了。

再如，战国末期，韩国间谍郑国向秦王提议修筑郑国渠，以削弱秦国国力。在郑国的间谍身份暴露后，秦国宗室大臣意识到间谍的危害，于是提出了"逐客"的主张。针对这种情况，李斯在《谏逐客书》中列举了昔日秦国四位君主因"用客"而取得的功绩。"用客"的例子之所以可以反驳"逐客"的主张，是因为"用客"恰好属于"逐客"的反例所涉及的情形。因此，李斯提出"逐客为过"。

到此为止，我们已经了解图尔敏论证模型及其评价的基本方法。从阅读的角度讲，我们可以用图尔敏论证模型分析议论文的论证，并在此基础上评价论证的好坏。从写作的角度讲，我们也可以用图尔敏论证模型列提纲来组织文章的结构，并用反驳要素法反思文章的内容。总之，按照图尔敏模型，我们可以更好地展示议论文的核心——论证。